Interactive Hair Mode

| 스타일 일러스트레이션 |

Written by Lim, KyungKeun

P·R·O·L·O·G·U·E

이 책은 고객에게 아름답고 매력있는 헤어스타일을 디자인 할 수 있는 능력을 배양하고 역학적 원리를 이용하여 손질하기 편한 스타일을 조형할 수 있는 모발생리, 퍼머, 컷트의 기술시스템을 수록한 책이다.

고객은 아름답고 매력적이며 손질하기 편한 스타일을 하고 싶어한다. 이러한 고객의 욕구를 충족시키기 위해서 헤어디자이너는 미학에 대한 균형있는 감성과 체계적이고 과학적인 기술시스템을 갖추고 있어야 한다.

20여년동안 나름대로 열심히 연구하고 노력하면서 헤어스타일리스트의 일을 하고 있지만 모든 고객에게 만족감을 준다는 것은 매우 어려운 일이다.

고객은 아름답고 매력적이며 손질하기 편한 스타일을 하고 싶어한다. 이러한 고객의 욕구를 충족시키기 위해서 헤어디자이너는 미학에 대한 균형있는 감성과 체계적이고 과학적인 기술시스템을 갖추고 있어야 한다.

최근 어떤 통계에서 헤어디자이너가 100명의 신규 고객에게 서비스를 제공했을 때 다시 돌아와 단골이 될 확률은 약 18% 밖에 되지 않았다는 조사가 있었다. 100명중 82명은 헤어디자이너와 미용실이 마음에 들지 않아 다시 돌아오지 않았다는 것이다.

고객이 불만족스럽다는 것은 고객이 가장 중요하게 생각하는 기술 수준이 높지 않기 때문이다.

10여년간 살롱을 운영하면서 직원교육을 하고 있는데 예전에 비해 학습능력이 떨어진다는 것을 실감하고 있다.

과거에 비해 열정과 손기술이 낮아졌다. 원인은 가정, 사회생활, 학교교육이 달라졌기 때문이다. 예전에는 연필도 깎아 쓰고 장난감도 만들어 놀면서 자연스럽게 손기술이 발전하였는데 지금의 환경은 거의 모든 것을 사서 쓰거나 누르는 것에 익숙해져 있기 때문에 디지털 문화에는 잘 적응하고 있지만 만드는 재능이 떨어져서 미용기술을 익히는 데 시간이 더 걸릴 뿐만 아니라 완성도가 떨어진다고 생각한다.

그래서 직원들에게 숙련도를 높이기 위해서는 더 많은 노력을 해야 한다고 강조하지만, 직업에 대한 열정과 포부가 있는 인재가 많지 않다는 느낌이다.

확실한 기술을 가지고 있어야 고객만족을 실현할 수 있고 일한 만큼 이윤을 창출해야 미용인의 삶의 질이 향상될 수 있다.

미용인의 삶의 질이 향상되려면 고마저기현상을 극복해야 한다. 고마저기란 광고, 판촉, 마케팅기법은 높은 수준인데 기술 수준은 낮다는 의미이다.

장사하는 요령이 좋아서 돈버는 미용실이 많이 생겼지만 헤어스타일 디자인 능력과 기술 시스템은 발전하지 못하여 고객만족을 실현하지 못하고 있다. 고객의 불만과 미용인의 전문성 부족으로 요금은 낮아졌고 전국에 저가 할인 미용실이 난립하고 있다.

제값을 받으려면 고객에게 머리하는 즐거움과 감동을 주어야 한다.

이 척은 아름답고 손질하기 편한 스타일을 만들기 위한 기술 메뉴얼이다.

고객이 돌아올 수 있는 확률을 높이기 위해서는 경쟁력을 확보할 수 있는 차별화되고 안정된 세계 최고의 기술 시스템이 있어야 한다. 이를 토대로 숙련되고 완성도 높은 연출 능력을 가지고 있어야 한다.

고객이 돌아올 수 있는 확률을 높이기 위해서는 경쟁력을 확보할 수 있는 차별화되고 안정된 세계 최고의 기술 시스템이 있어야 한다. 이를 토대로 숙련되고 완성도 높은 연출 능력을 가지고 있어야 한다.

온헤어는 얼굴형, 관상, 심리학을 연구하여 아름다운 헤어스타일의 디자인 원리를 개발하고 물리학의 운동법칙을 응용하여 퍼머, 커트의 원리를 개발, 손질하기 편한 스타일을 조형할 수 있는 기술시스템을 개발하였다.

이 책은 저자가 20여년동안 미용실 현장에서 작업하면서 축적된 경험을 바탕으로 연구하여 기술하였으며 모발 생리학, 퍼머, 커트, 헤어스타일 일러스트를 수록하였다.

많은 미용인들이 이 책을 통해서 세계 최고의 헤어 디자이너가 되기를 희망하며, 미비점이 있음은 저자의 노력 부족에서 오는 것임을 미안하게 생각하고 더욱 노력하겠다. 많은 분들의 성원과 독려있으시길 부탁드린다.

2005. 11.

온헤어 | **임 경 근**

C·O·N·T·E·N·T·S

Woman Short Hair Cut Style

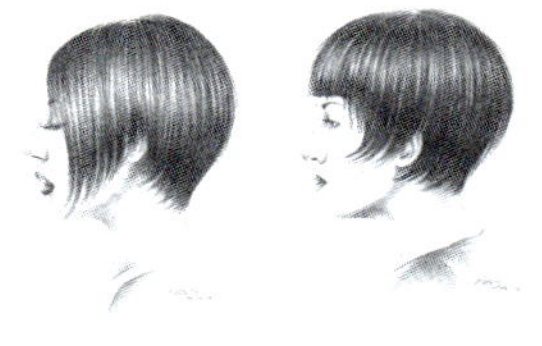

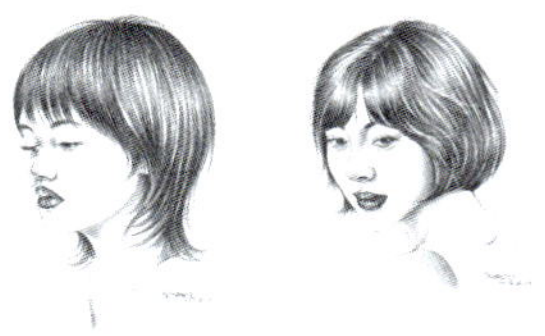

Woman Short Hair Cut Style

| 36 Page |

| 37 Page |

| 38 Page |

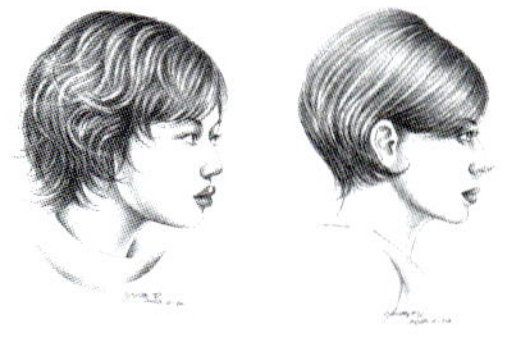
| 39 Page |

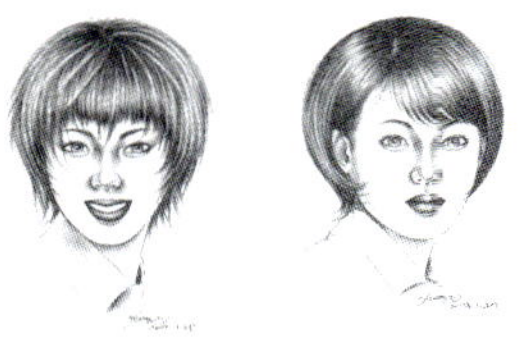
| 40 Page |

| 41 Page |

| 42 Page |

| 43 Page |

| 44 Page |

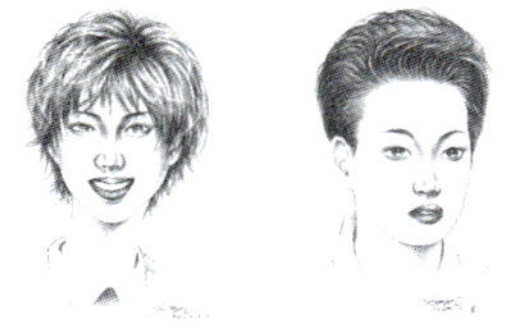
| 45 Page |

| 46 Page |

| 47 Page |

| 48 Page |

| 49 Page |

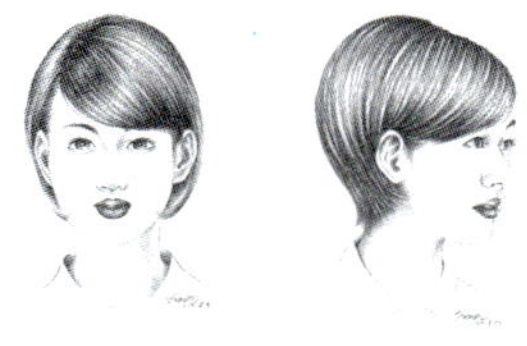
| 50 Page |

| 51 Page |

| 52 Page |

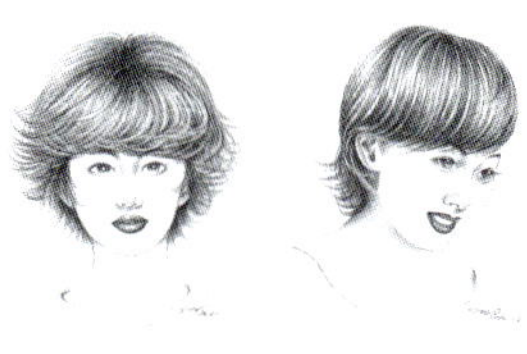
| 53 Page |

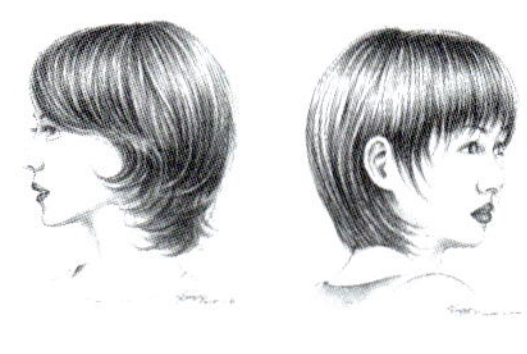
| 54 Page |

| 55 Page |

C · O · N · T · E · N · T · S

Woman Short Hair Cut Style

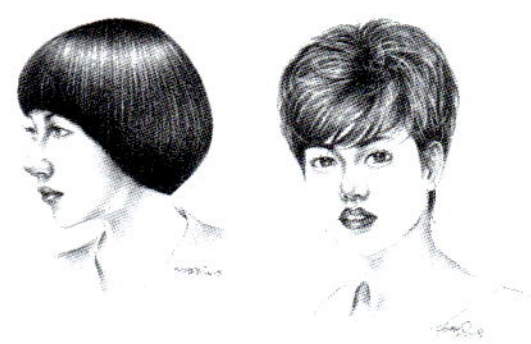

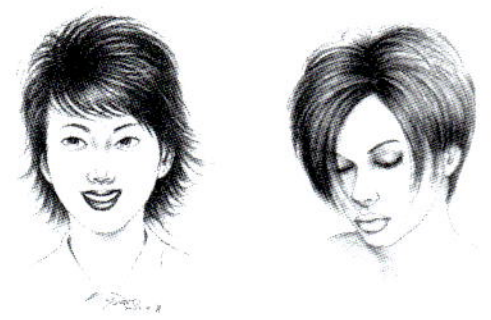

Woman Medium Hair Cut Style

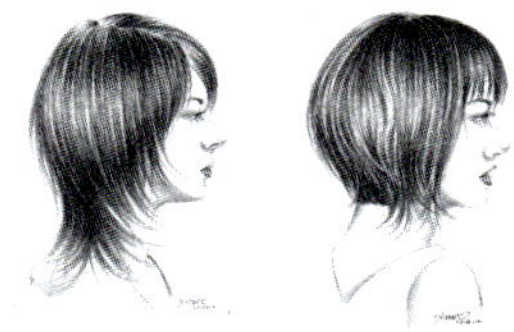

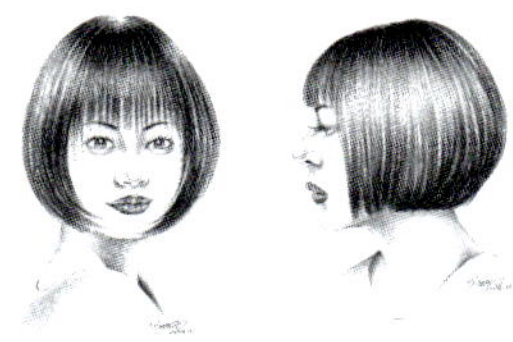

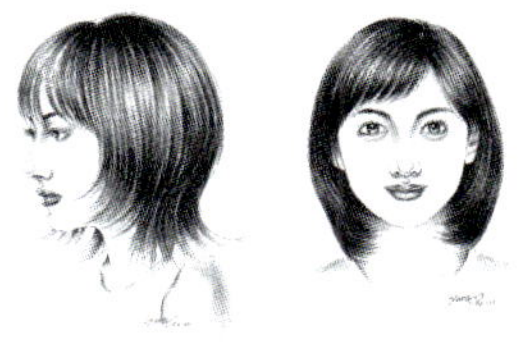

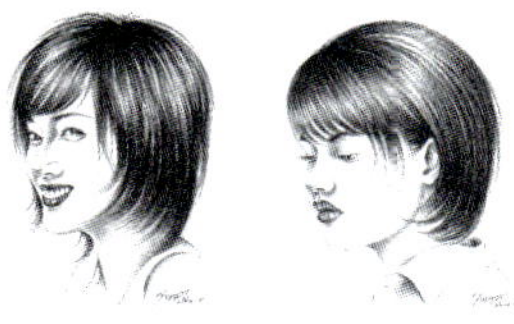

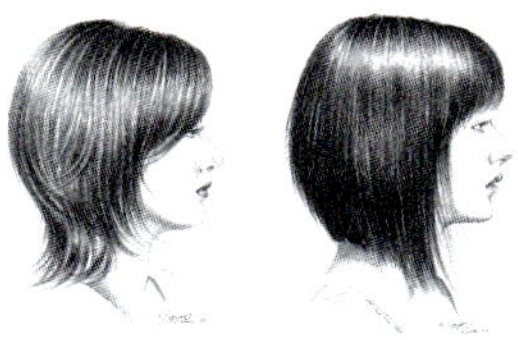

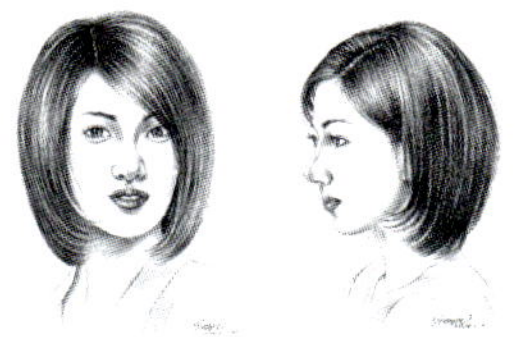

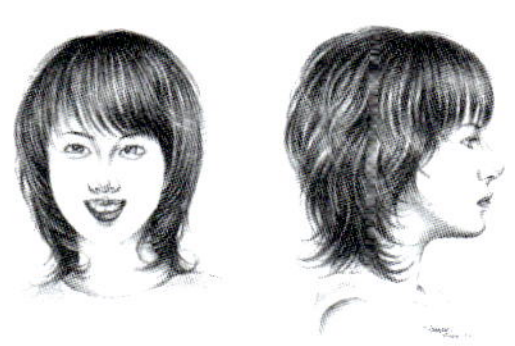

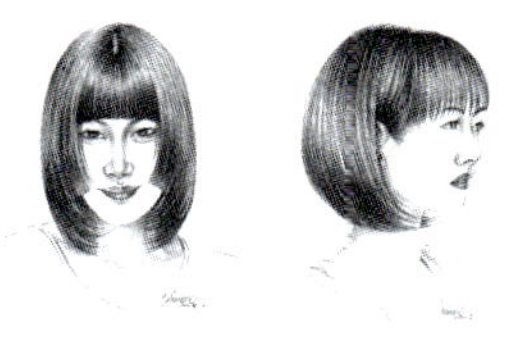

C·O·N·T·E·N·T·S

Woman Medium Hair Cut Style

Woman Medium Hair Cut Style

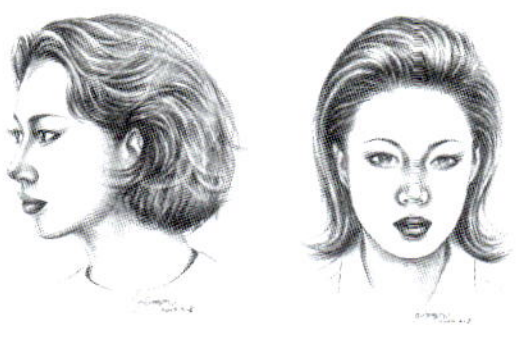

| 106 Page |

| 107 Page |

| 108 Page |

| 109 Page |

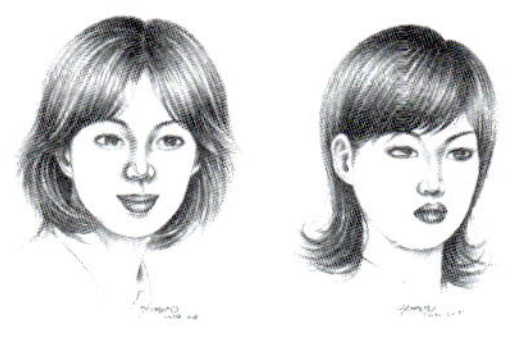

| 110 Page |

| 111 Page |

| 112 Page |

| 113 Page |

| 114 Page |

| 115 Page |

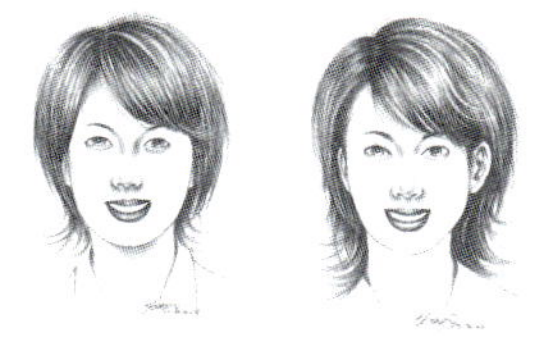

| 116 Page |

| 117 Page |

| 118 Page |

| 119 Page |

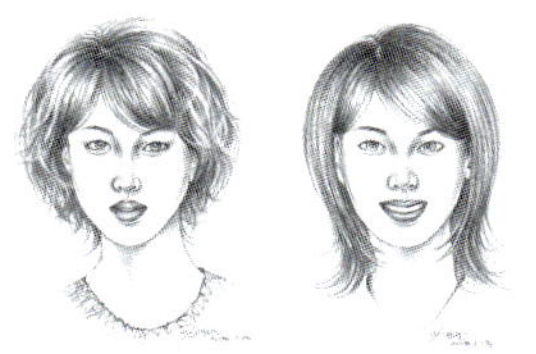

| 120 Page |

| 121 Page |

| 122 Page |

| 123 Page |

| 124 Page |

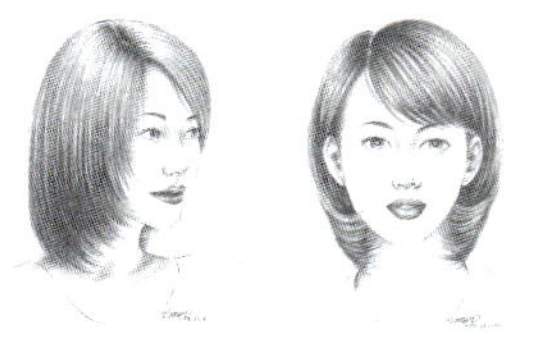

| 125 Page |

Interactive Hair Mode

C·O·N·T·E·N·T·S

Woman Medium Hair Cut Style

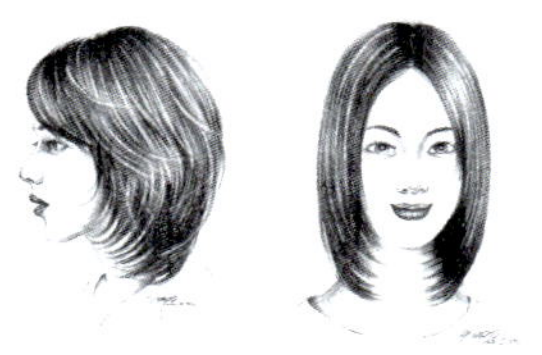

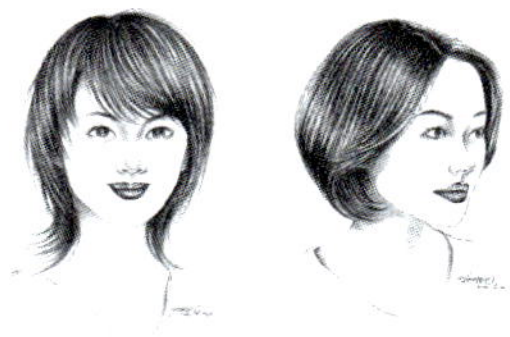

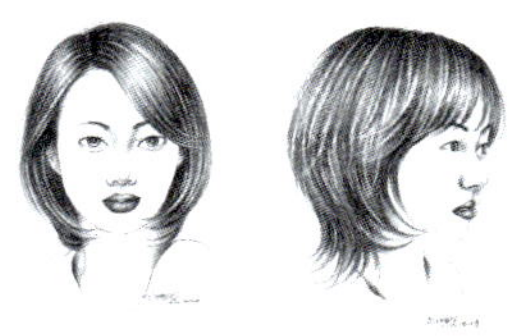

Woman Long Hair Cut Style

| 144 Page |

| 145 Page |

| 146 Page |

| 147 Page |

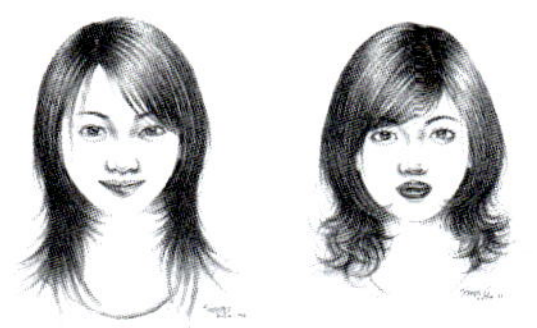

| 148 Page |

| 149 Page |

| 150 Page |

| 151 Page |

| 152 Page |

| 153 Page |

| 154 Page |

| 155 Page |

| 156 Page |

| 157 Page |

| 158 Page |

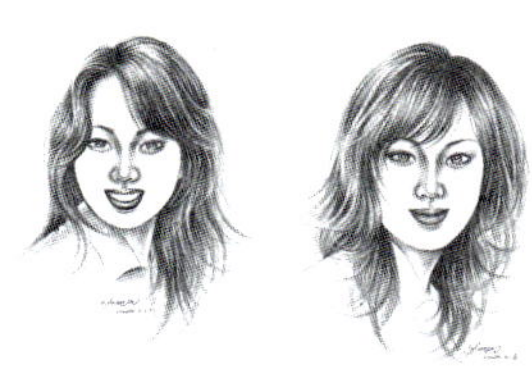

| 159 Page |

| 160 Page |

| 161 Page |

| 162 Page |

| 163 Page |

C·O·N·T·E·N·T·S

Woman Long Hair Cut Style

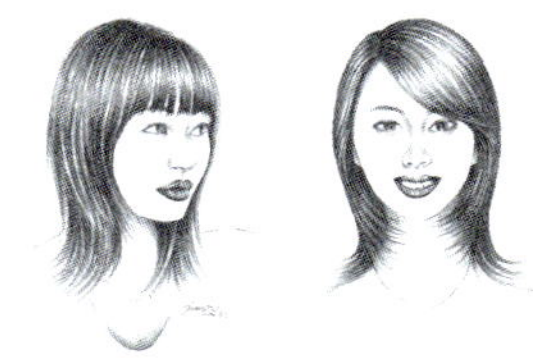

| 184 Page |

Interactive Hair Mode

C·O·N·T·E·N·T·S

Man Hair Cut Style

Woman
Short Hair Cut Style

Short Hair Cut Style _ 01

깨끗하고 여성스런 느낌을 주는 스타일로 끝부분을 가늘어지고 가볍게 하여 부드럽고 움직임 있는 느낌을 연출한다. 커트는 세밀하게 하면 거칠은 느낌을 주지 않으면서 손질이 쉬워진다.

Face Type

직사각형 계란형 긴계란형

역삼각형 육각형

Short Cut Hair Style _ 02

끝부분을 가늘어지고 불규칙하게 커트한 후 직모일 경우는 굵은 롤로 펌을 해준다.
반곱슬이라면 웨이브 파장을 이용하여 커트를 하고 앞머리만 스트레이트펌을 해준다.
젤이나 왁스로 자유롭고 귀여운 여성 이미지를 표현한다.

Face Type

직사각형 계란형 긴계란형

역삼각형 육각형

Short Cut Hair Style _ 03

리드미컬한 웨이브 흐름이 여성스럽고 상쾌한 이미지를 만들어 주는 스타일이다. 끝부분을 가늘어지고 가볍게 커트한 후 후두부의 네이프는 4호, 백은 3호, 크라운 · 톱은 2호, 사이드는 3호로 1.5바퀴 와인딩하여 웨이브펌을 해준다. 모발이 굵거나 건강할 때 펌이 잘되며 컬력이 약한 펌제는 사용하지 않는다.

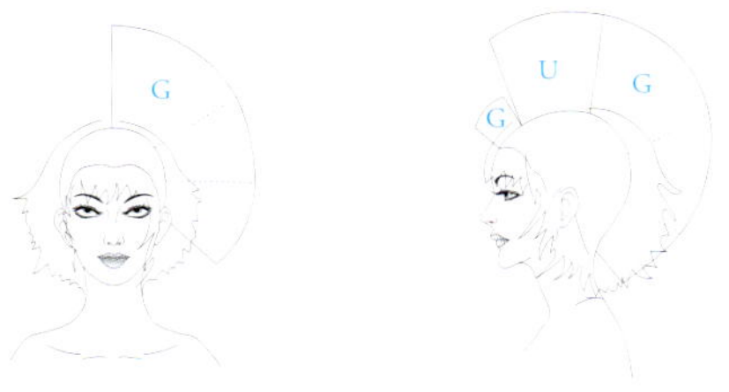

Face Type

직사각형 · 계란형 · 긴계란형
역삼각형

Short Cut Hair Style _ 04

깨끗하고 단정하고 지적인 이미지를 주는 스타일로 귀 밑과 목둘레를 얇고 가볍게 커트 하는 것이 포인트이다.
젤이나 왁스를 문지르듯이 발라서 깨끗하게 스타일링 한다.

Face Type

계란형 · 긴계란형

Short Cut Hair Style _ 05

풍성한 볼륨 헤어스타일로 성숙하고 귀여운 여성이미지를 만들어준다.
끝부분을 불규칙하고 가늘어지게 커트한 후 네이프는 4호, 백은 3호, 크라운 · 톱은 4호 사이드와 포인트는 3호로 와인딩 하여 웨이브펌을 해준다.

Face Type

계란형 · 긴계란형 · 역삼각형

Short Cut Hair Style _ 06

단정하고 여성적인 이미지를 주는 스타일로 직모일 경우는 롤 스트레이트펌을 해주어야 부드러운 볼륨과 손질 하기가 쉬워진다.
백과 네이프는 1 · 2 · 3 · 4호로 배열하고 1호 위 부터는 판넬을 붙인 후 1호보다 조금씩 굵게 말아준다.

Face Type

계란형 · 긴계란형 · 둥근형 · 역삼각형 · 육각형

Short Cut Hair Style _ 07

후두부의 뒷방향 사선 라인의 그래쥬에이션 기법으로 풍성한 볼륨을 만들고 전두부는 앞방향 사선 라인으로 안말음 흐름을 만들어 얼굴형태를 갸름하게 해준다.
곱슬기가 심한 모질은 적합한 스타일이 아니며 롤스트레이트펌을 해주어 깨끗하고 단정한 여성미를 강조한다.

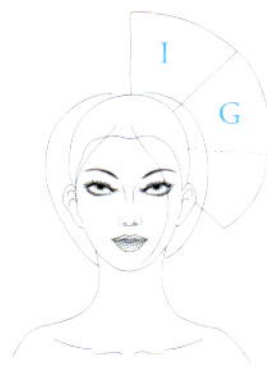

Face Type

직사각형 · 계란형 · 둥근형
네모난형 · 육각형

Short Cut Hair Style _ 08

앞 머리의 무거움과 가늘어지고 가벼운 흐름을 조화시켜 귀엽고 스마트한 이미지를 나타내는 스타일이다.
직모인 경우는 롤스트레이트펌을, 곱슬기가 있을때는 스트레이트펌을 해준다.

Face Type

계란형 · 긴계란형
역삼각형 · 육각형

Short Cut Hair Style _ 09

아주 짧지 않으면서 귀엽고 부드러운 이미지의 스타일로 거의 모든 얼굴형에 잘 어울리는 스타일이다. 세밀하게 커트하여 균형잡힌 층을 만드는 것이 포인트이다.

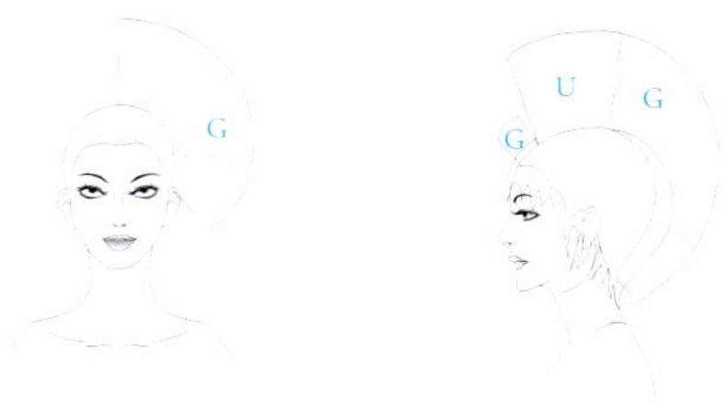

Face Type

직사각형 · 계란형 · 긴계란형 · 둥근형

네모난형 · 역삼각형 · 육각형 · 삼각형

Short Cut Hair Style _ 10

가늘어지고 부드러운 층을 만들어 안말음, 바깥흐름을 조화시켜 곡선의 부드러운 형태미를 연출하는 스타일로 부드럽고 여성스러운 아름다움을 나타내 준다.

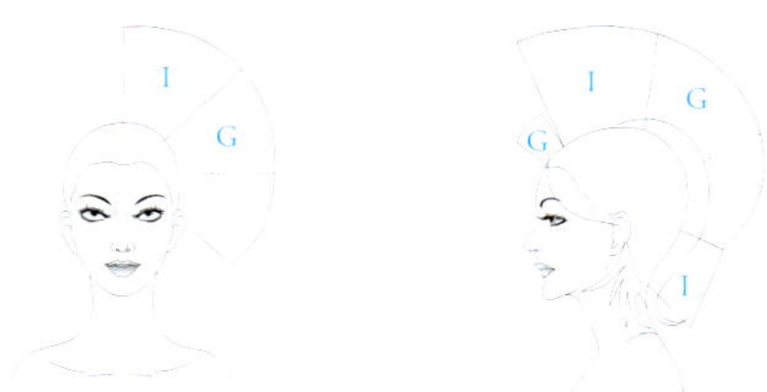

Face Type

직사각형 · 계란형 · 긴계란형 · 둥근형

네모난형 · 역삼각형 · 육각형 · 삼각형

Short Cut Hair Style _ 11

보이시 하고 신선감을 주는 스타일로 매끄럽고 윤기나는 질감으로 연출하면 귀엽고 발랄한 여성미를 느끼게 한다. 단순한 스타일 같지만 세밀한 층을 만들어야 한다.

Face Type

계란형	긴계란형
역삼각형	육각형

Short Cut Hair Style _ 12

끝부분을 부드럽게 터치하여 자유롭고 부드러운 움직임을 만들어주어 귀엽고 보이시한 이미지를 연출한다.
스타일링 제품을 도포하여 연출하면 손질하기 쉬운 스타일이다.

Face Type

직사각형	계란형	긴계란형	둥근형
네모난형	역삼각형		

Short Cut Hair Style _ 13

깨끗하고 신선감을 주는 보이시한 스타일이다.
부드러운 젤 · 왁스로 매끄러운 질감을 만들어 연출한다.

Face Type

직사각형 계란형 긴계란형 둥근형
네모난형 역삼각형 육각형 삼각형

Short Cut Hair Style _ 14

바람에 날린듯한 움직임 있는 웨이브 펌으로 섹시한 여성미를 표현한다.
네이프 5호, 백 4 · 3호, 톱 4호, 사이드 3호, 앞머리 2호로 배열하여 1.5바퀴 와인딩 하여 웨이브펌을 한다.

Face Type

직사각형 계란형 긴계란형 둥근형
네모난형 역삼각형 육각형 삼각형

Short Cut Hair Style _ 15

깨끗하고 세련된 여성스러움을 주는 스타일로 가볍고 부드럽게 층을 주어 네추럴 하고 볼륨있는 스타일을 만든다.
롤스트레이트 펌을 하거나 곱슬기가 있을때는 볼륨 스트레이트 펌을 해준다.

Face Type

직사각형 계란형 긴계란형
역삼각형

Short Cut Hair Style _ 16

거의 모든 얼굴형에 잘 어울리는 스타일이며 부드럽고 세련된 이미지를 준다.
세밀하게 커트하여 네츄럴한 질감의 층을 주는 것이 포인트이다.

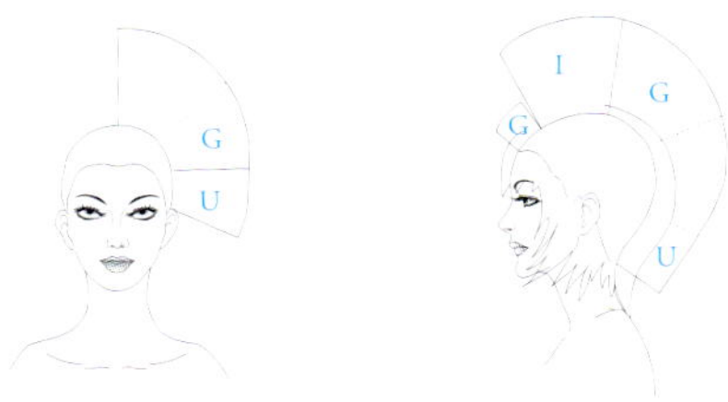

Face Type

직사각형 계란형 긴계란형 둥근형
네모난형 역삼각형 육각형 삼각형

Short Cut Hair Style _ 17

풍성한 볼륨을 주는 그래쥬에이션 스타일로 얼굴을 길어보이게 하는 효과가 있는 단정하고 세련된 이미지를 주는 스타일이다.
가벼운 그래쥬에이션 커트와 롤스트레이트펌으로 풍성한 볼륨을 만든다.

Face Type

직사각형 계란형 둥근형
네모난형 육각형 삼각형

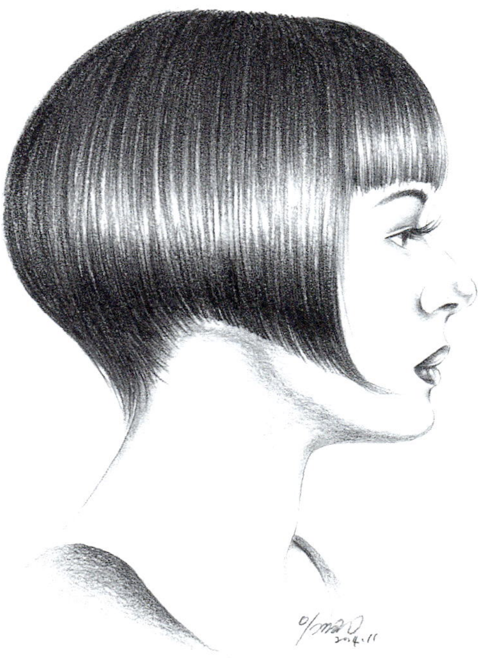

Short Cut Hair Style _ 18

비교적 얼굴이 작은형에 잘 어울리며 깨끗하고 대담하고 자유로운 이미지를 주는 스타일이다.
단순한 스타일 같지만 세밀한 층과 각도가 요구 되는 스타일이다.

Face Type

계란형 긴계란형
역삼각형

Short Cut Hair Style _ 19

단순한 단발이미지에 가닥가닥 길게 늘어뜨리는 포인트를 주어 대담하고 자유분방한 이미지를 주는 스타일이다.
촉촉하고 매끄러운 질감으로 마무리한다.

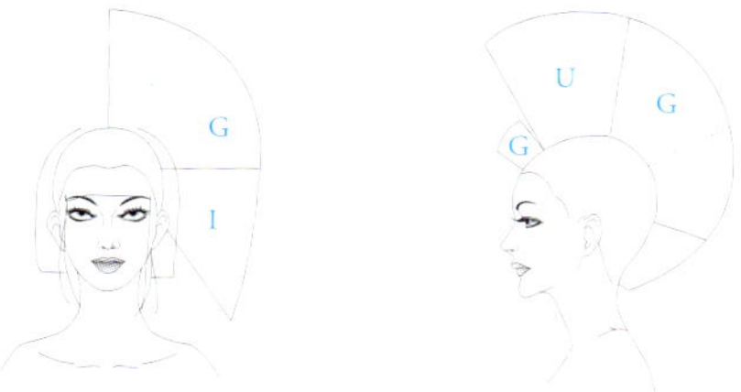

Face Type

계란형 긴계란형

역삼각형 육각형

Short Cut Hair Style _ 20

가늘어지고 가볍고 움직임을 주는 커트로 부드러운 여성스러움을 나타내 주는 스타일이다.
전체적으로 가볍고 풍성한 움직임을 주는 스타일이다.

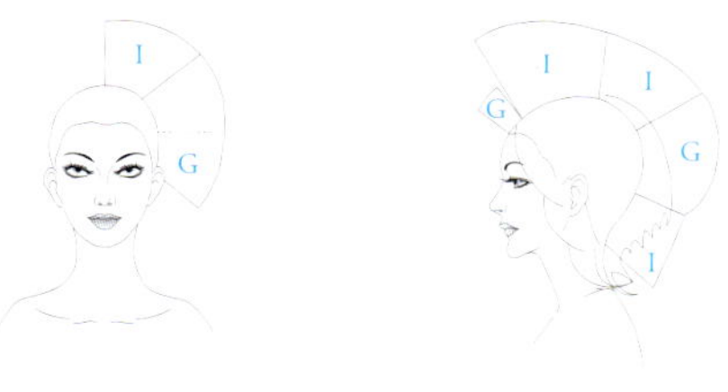

Face Type

계란형 둥근형

역삼각형

Short Cut Hair Style _ 21

볼륨있는 층을 만든 후 끝부분만 5호, 6호로 와인딩 하여 탄력있는 웨이브펌을 해준다.
무스를 바르고 스크런칭 기법으로 부풀리는 스타일을 만들어준다. 작고 귀여운 얼굴형에 잘 어울린다.

Face Type

직사각형 계란형 긴계란형
역삼각형

Short Cut Hair Style _ 22

깨끗하고 단정한 여성스런 매력을 주는 스타일이다.
목덜미에서 가늘어지고 감싸는듯한 느낌의 부드럽고 가벼운 층을 만들고 직모는 롤스트레이트, 곱슬기가 있을 때에는 스트레이트 펌을 한다.
샴푸 후 전체를 뿌리에서부터 좌우로 털어서 말린 후 헤어 광택제로 마무리한다.

Face Type

직사각형 계란형 긴계란형
네모난형 육각형

Short Cut Hair Style _ 23

후두부에서 풍성한 볼륨의 부드럽고 가벼운 질감의 커트를 한다.
롤스트레이트 펌을 하고 헤어 광택제를 고르게 바르고 마무리하여 깨끗하고 단정한 이미지의 여성스러움을 표현한다.

Face Type

직사각형	계란형	긴계란형	둥근형
네모난형	역삼각형	육각형	삼각형

Short Cut Hair Style _ 24

끝부분을 가늘어지고 가벼운 질감으로 층지게 커트한 후 롯트 1 · 2 · 3호로 웨이브 펌을 하여 소프트한 타입의 컬 젤 · 무스로 스타일링한다.

Face Type

직사각형	계란형	긴계란형	둥근형
네모난형	역삼각형	육각형	삼각형

Short Cut Hair Style _ 25

후두부의 풍성한 볼륨과 목둘레의 가늘어지고 가벼운 흐름이 곡선의 움직임을 주어 세련되고 자유로운 여성미를 나타내는 손질하기 쉬운 스타일이다. 롤스트레이트펌을 하여 손질하기 편한 스타일을 만들어준다.

Face Type

계란형 · 긴계란형 · 네모난형 · 역삼각형 · 육각형

Short Cut Hair Style _ 26

건강하고 청순한 이미지를 주는 짧은 층 단발 스타일이다. 탄력있는 롤스트레이트 펌을 하고 헤어 광택제로 촉촉하고 매끄러운 질감을 만든다.

Face Type

직사각형 · 계란형 · 긴계란형 · 역삼각형

Short Cut Hair Style _ 27

청순하고 소녀같은 이미지의 매력을 주는 층이 많이 나지 않는 단발 스타일이다. 헤어 광택제나 부드러운 무스를 섞어서 촉촉하고 윤기나는 질감으로 마무리 한다.

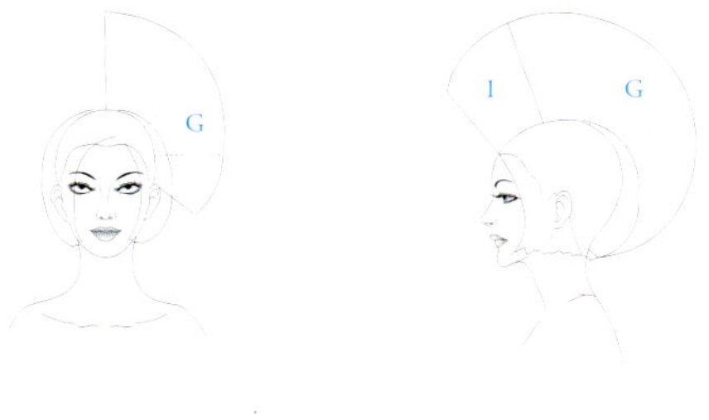

Face Type

계란형 · 긴계란형

역삼각형

Short Cut Hair Style _ 28

양쪽 기장이 다른 언밸런스 스타일로 귀여운 얼굴형과 둥근 얼굴형에 적합한 스타일로 전체를 가볍게 커트 하여 자연스런 움직임을 주는 것이 포인트이다.

Face Type

직사각형 · 계란형 · 긴계란형 · 둥근형

네모난형 · 역삼각형

Short Cut Hair Style _ 29

형태 라인에 변화를 주어 자유로운 개성의 특징을 나타내는 스타일이다.
헤어광택제를 고르게 바르고, 윤기있고 매끄러운 스타일을 만든다. 직모는 롤스트레이트 펌, 곱슬기가 있을 때는 스트레이트 펌을 해준다.

Face Type

직사각형 계란형 긴계란형

역삼각형

Short Cut Hair Style _ 30

얼굴형이 작고 귀여운 얼굴에 적합한 스타일이다.
전체를 가늘어지고 가벼운 질감으로 커트한 후 굵고 자연스런 웨이브 펌을 한 후 소프트한 무스를 바르고 스크런칭 드라이 기법으로 마무리 연출한다.
4 · 5호로 스파이럴 와인딩하여 펌을 한다.

Face Type

계란형 긴계란형

역삼각형

Short Cut Hair Style _ 31

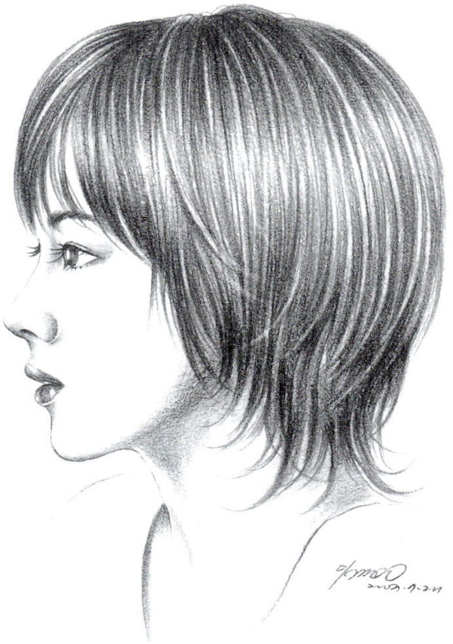

끝부분을 가늘어지고 깃털처럼 가볍게 커트하여 움직임을 주는 자연스런 스타일로 사각형의 얼굴 처럼 확장되어 보이는 얼굴형에 연출하면 작고 갸름하게 보이는 착시 현상을 주는 스타일이다.
롤스트레이트 펌을 하여 부드러운 안말음을 만든다.

Face Type

직사각형 계란형 긴계란형 둥근형

네모난형 역삼각형 육각형 삼각형

Short Cut Hair Style _ 32

부드러운 컬 흐름의 숏헤어로 여성스러운 매력을 주는 스타일이다.
부드러운 무스나 왁스를 이용하여 촉촉하고 윤기나는 스타일을 만든다. 2 · 3 · 4호로 베이직 와인딩하여 펌을 한다.

Face Type

직사각형 계란형 긴계란형 둥근형

네모난형 역삼각형 육각형 삼각형

Short Cut Hair Style _ 33

신선하고 활동적인 세련된 매력을 주는 짧은 층 단발 스타일이다.
세밀하게 커트하여 가볍고 부드러운 층을 만들고 롤스트레이트펌을 하여 풍성한 볼륨과 안말음 흐름을 만든다.

Face Type

직사각형 계란형 긴계란형
네모난형 역삼각형 육각형

Short Cut Hair Style _ 34

두정부에 풍성한 볼륨을 주고 목덜미 에서는 가늘어지고 불규칙한 자연스러움을 주어 움직임있는 스타일을 만든다.
롤스트레이트 펌을 하고 헤어 광택제로 마무리한다.

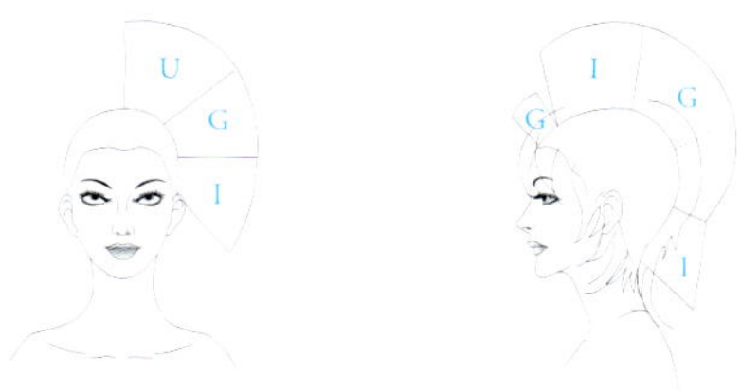

Face Type

직사각형 계란형 긴계란형
역삼각형

Short Cut Hair Style _ 35

아주 짧다는 느낌이 들지 않는 유연한 분위기의 스타일이다. 두정부에서 풍성한 볼륨을 만들면서 목덜미에서 가늘어지고 불규칙한 질감의 커트를 한다.
헤어 광택제를 바르고 촉촉 하면서 움직임 있는 느낌을 연출한다.

Face Type

직사각형 계란형 긴계란형 둥근형
역삼각형

Short Cut Hair Style _ 36

깃털처럼 가벼운 질감의 짧은 커트를 한다.
직모일 경우는 2 · 3 · 4호로 웨이브 펌을 하여 자유롭고 풍성한 볼륨을 만든다.
무스나 왁스를 바르고 자유로운 스타일을 연출해 준다.

Face Type

계란형 긴계란형 둥근형
역삼각형

Short Cut Hair Style _ 37

신선하고 쾌활한 이미지의 스타일이다.
세밀하게 커트하여 부드럽고 자연스런 움직임을 만들어 주고 롤스트레이트펌을 하여 부드러운 텍스춰를 만들어준다.

Face Type

직사각형 계란형 긴계란형 둥근형
네모난형 역삼각형 육각형 삼각형

Short Cut Hair Style _38

부드러운 곡선의 형태 라인과 앞머리의 직선라인을 매치시켜 귀엽고 여성스런 아름다움을 나타내준다.
곱슬기가 있을 때는 스트레이트 펌을 해주고 헤어 광택제나 왁스로 매끄럽고 윤기나는 질감을 만들어 준다.

Face Type

직사각형 계란형 긴계란형 둥근형
네모난형 역삼각형 육각형 삼각형

Short Cut Hair Style _ 39

심플하면서 세련된 아름다움을 나타내주는 짧은 층 단발이다. 단순한 스타일 같지만 정교한 커트를 하여 무거우면서 부드러운 층을 만들어 주는 것이 포인트이다. 곱슬기가 있을때는 스트레이트펌을 해준다.

Face Type

직사각형 | 계란형 | 긴계란형 | 둥근형

역삼각형 | 육각형 | 삼각형

Short Cut Hair Style _ 40

깃털처럼 가볍고 부드러운 볼륨의 커트를 하고 2 · 3 · 4호 롯드로 웨이브펌을 해준다.
헤어 광택제나 왁스를 바르고 자유롭고 움직임 있는 스타일링을 해준다.

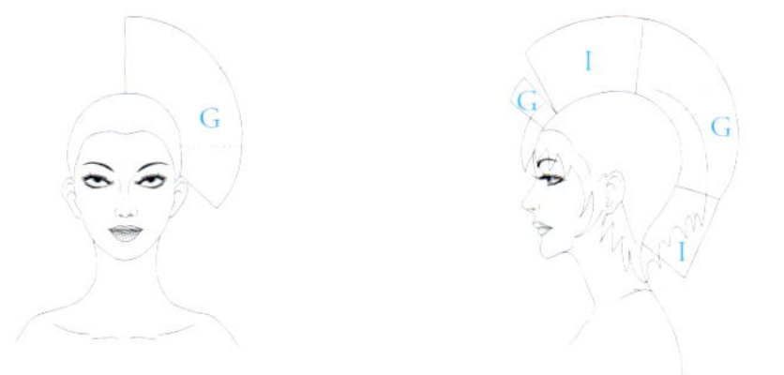

Face Type

직사각형 | 계란형 | 긴계란형 | 둥근형

역삼각형 | 육각형 | 삼각형

Short Cut Hair Style _ 41

단순하면서 세련된 개성의 아름다움을 주는 스타일이다. 정교한 커트기법으로 무거운면서 부드러운 층을 만들어 준다. 직모는 롤스트레이트, 곱슬기가 있을때는 스트레이트펌을 해주고 헤어왁스나 광택제로 촉촉하고 매끄러운 질감을 만들어준다.

Face Type

직사각형	계란형	긴계란형	둥근형
네모난형	역삼각형	육각형	삼각형

Short Cut Hair Style _ 42

소프트한 실루엣과 풍성한 볼륨이 여성스러움을 강조한 스타일이다. 가늘어지고 가벼운 층의 커트를 해주고 롤스트레이트 펌을 해준다.

Face Type

직사각형	계란형	긴계란형	둥근형
네모난형	역삼각형	육각형	삼각형

Short Cut Hair Style _ 43

전체를 가늘어지고 가벼운 질감으로 커트한 후 2·3·4호 롯드로 부드럽고 자연스런 웨이브펌을 해준다.
부드러운 무스를 바르고 스크런칭 드라이 기법으로 마무리하여 로맨틱한 분위기의 여성미를 나타내준다.

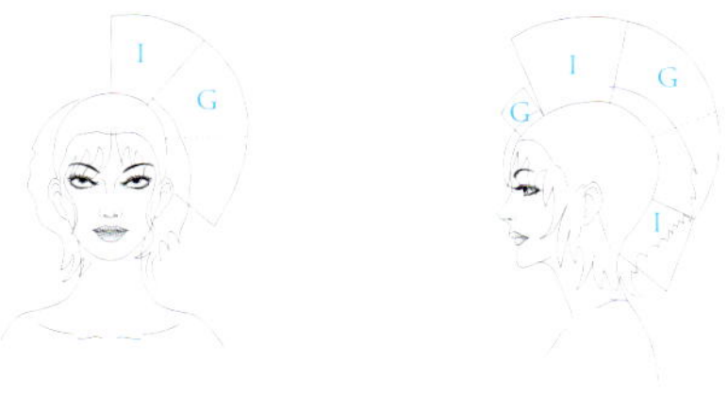

Face Type

직사각형 · 계란형 · 긴계란형
역삼각형 · 육각형

Short Cut Hair Style _ 44

공기를 품을 듯한 풍성한 볼륨을 주기 위해 가늘어지고 가벼운 스타일의 커트를 하고 롤스트레이트펌을 한다.
헤어 왁스로 촉촉하고 윤기있게 스타일링하고 헤어스프레이로 고정한다.

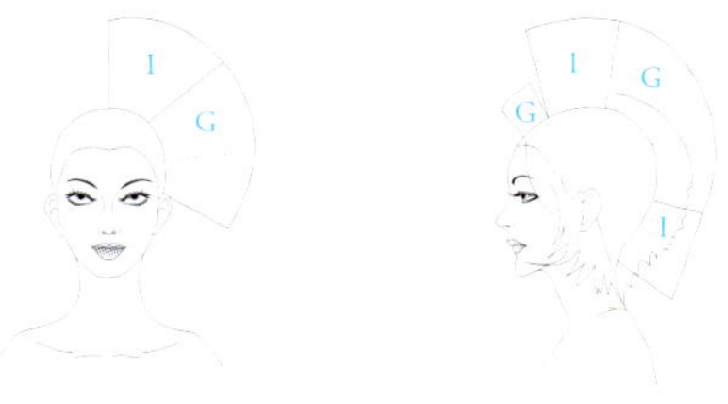

Face Type

직사각형 · 계란형 · 긴계란형
역삼각형 · 육각형 · 삼각형

Short Cut Hair Style _ 45

활동적이고 지적인 느낌을 주는 스타일로 전체를 짧고 가벼운층의 커트를 한 후 2 · 3 · 4호로 와인딩 펌을 한다.
헤어무스를 바르고 손가락으로 가볍게 넘겨 주어 자연스럽게 마무리한다.

Face Type

직사각형	계란형	긴계란형	둥근형
네모난형	역삼각형	육각형	삼각형

Short Cut Hair Style _ 46

아주 짧다는 느낌이 들지 않도록 길이를 조절하여 풍성하고 가벼운 질감으로 커트한다.
롤스트레이트 펌으로 자연스럽고 부드럽게 연출한다.

Face Type

직사각형	계란형	긴계란형	둥근형
네모난형	역삼각형	육각형	삼각형

Short Cut Hair Style _ 47

끝부분이 가늘어지면서 불규칙한 층을 만든 후 2 · 3 · 4호로 와인딩펌을 한다. 무스나 왁스를 바르고 부드럽고 촉촉한 질감으로 움직임있게 스타일링한다.

Face Type

직사각형 계란형 긴계란형

역삼각형 육각형

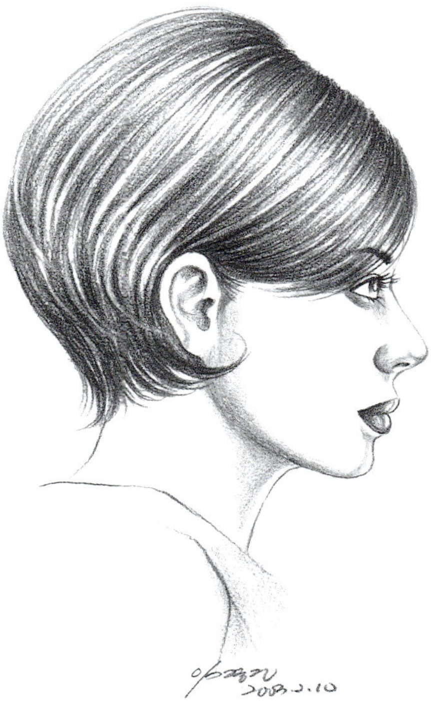

Short Cut Hair Style _ 48

성숙한 분위기, 단정한 여성스러움을 주는 짧은 층 단발 스타일이다.
두정부와 후두부에 풍성한 볼륨을 주는 커트와 롤스트레이트펌을 하여 얼굴형을 갸름하고 길어 보이게 연출한다.

Face Type

계란형 둥근형

네모난형 역삼각형

Short Cut Hair Style _ 49

끝부분을 불규칙하고 가벼운 질감으로 커트하고 곱슬기가 있을 때는 부드러운 스트레이트 펌을 한다.
왁스로 촉촉하고 윤기있는 질감을 만들면서 가볍고 움직이는 효과를 연출한다.

Face Type

직사각형 · 계란형 · 긴계란형
역삼각형 · 육각형

Short Cut Hair Style _ 50

깔끔하고 단정한 이미지의 짧은 층단발 스타일이다.
청순하고 귀여운 느낌을 주기 위해 앞머리를 가볍게 내려 주고 롤스트레이트펌을 하여 깨끗하고 매끄러운 질감을 만들어준다.

Face Type

직사각형 · 계란형 · 긴계란형
네모난형 · 역삼각형 · 육각형

Short Cut Hair Style _ 51

부드럽고 활동적이면서 보이시한 매력의 헤어스타일이다. 가벼운 질감의 숏커트를 한 후 2·3·4·5·6·7호로 웨이브 펌을 한다.
무스를 바르고 손가락으로 흩트러진 느낌으로 연출한다.

Face Type

직사각형	계란형	긴계란형	둥근형
배모난형	역삼각형	육각형	삼각형

Short Cut Hair Style _ 52

개성적이며 순수하고 보이시한 매력을 주는 스타일이다. 가볍고 자연스런 커트를 한후 무스나 왁스를 바르고 손가락으로 가볍게 터치하여 자연스럽게 연출한다.

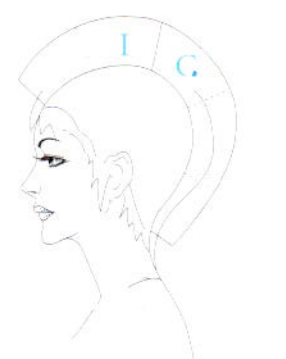

Face Type

직사각형	계란형	긴계란형	둥근형
배모난형	역삼각형	육각형	삼각형

Short Cut Hair Style _ 53

두정부를 펑크한 질감을 만들기 위해 가볍고 불규칙하게 커트한다.
무스나 젤을 바른 후 앞머리를 붙이고 두정부는 세워주면서 스타일링 한다.

Face Type

직사각형 계란형 둥근형 역삼각형

Short Cut Hair Style _ 54

전체의 가늘어지고 가벼운 움직임과 앞머리의 무거움을 조화시켜 개성의 매력을 나타내준다.
직모는 롤스트레이트, 곱슬기가 있을때는 스트레이트펌을 해준다.

Face Type

직사각형 계란형 긴계란형 육각형

Short Cut Hair Style _ 55

끝부분을 깃털처럼 가볍고 가늘어지는 텍스춰로 대담하고 자유롭게 커트한다.
헤어왁스로 귀엽고 자유로운 느낌으로 마무리한다.

Face Type

계란형 긴계란형

역삼각형

Short Cut Hair Style _ 56

자연스럽고 가벼운 질감으로 커트한 후 2 · 3 · 4호로 롯드로 웨이브펌을 해준다.
소프트한 타입의 무스를 바르고 손가락으로 터치하여 스타일링한다.

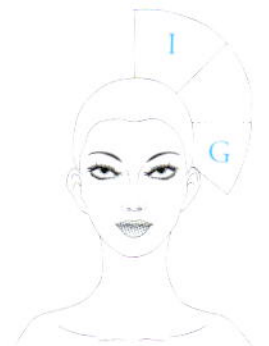

Face Type

직사각형 계란형 긴겨란형

역삼각형

Short Cut Hair Style _ 57

우아하고 세련된 분위기를 연출해주는 스타일로 가볍고 부드럽게 커트하고 롤스트레이트펌을 하여 풍성하고 손질하기 편한 스타일을 만들어준다.

Face Type

직사각형 · 계란형 · 긴계란형 · 둥근형
네모난형 · 역삼각형 · 육각형

Short Cut Hair Style _ 58

깃털처럼 가볍고 부드러운 커트를 하고 롤스트레이트 펌을 해주어 깨끗하고 단정한 여성미를 나타내준다.

Face Type

직사각형 · 계란형 · 긴계란형
네모난형 · 역삼각형

Short Cut Hair Style _ 59

끝부분을 가늘어지고 가벼우면서 불규칙한 텍스춰를 만들어주고 2·3·4·5호로 웨이브펌을 해준다.
헤어광택제나 소프트한 무스를 바르고 손가락으로 터치하고 방향을 잡아주면서 자연스럽게 스타일링한다.

Face Type

직사각형 · 계란형 · 긴계란형 · 역삼각형 · 육각형

Short Cut Hair Style _ 60

스포티하고 경쾌한 분위기의 스타일로 전체를 짧게 커트한 후 3·4·5·6·7호로 웨이브 펌을 해주고 스타일링 무스로 촉촉하고 윤기있는 질감으로 마무리한다.

Face Type

계란형 · 긴계란형 · 역삼각형

Short Cut Hair Style _ 61

깨끗하고 청순한 매력을 주는 부드럽고 자연스러운 숏헤어 스타일이다. 롤스트레이트펌을 하여 손질하기 편한 스타일을 만들어준다.

Face Type

직사각형
계란형
긴계란형
역삼각형

Short Cut Hair Style _ 62

곡선의 형태 라인의 아름다움을 강조한 심플한 헤어스타일이다. 세밀하게 커트하여 부드러운 층을 만드는 것이 포인트이며, 곱슬기가 있을때는 스트레이트펌을 해준다.

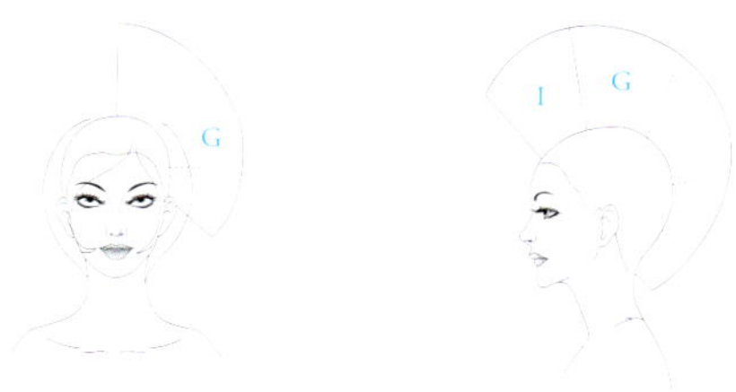

Face Type

직사각형
계란형
긴계란형
역삼각형
육각형

Short Cut Hair Style _ 63

가볍고 불규칙한 층을 만들면서 목덜미에서는 슬라이싱커트기법으로 급격하게 길어지고 가늘어지는 텍스춰를 만든다. 2 · 3 · 4호로 자연스럽고 풍성한 볼륨을 간단다.

Face Type

직사각형 · 계란형 · 긴계란형 · 둥근형 · 역삼각형 · 육각형 · 삼각형

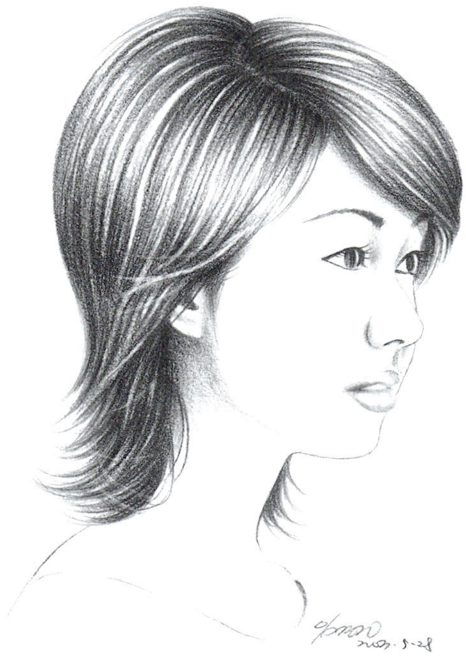

Short Cut Hair Style _ 64

전체를 차분하고 매끄러운 볼륨을 만들면서 목둘레에서 자연스런 바람 머리 흐름을 연출한다. 헤어왁스로 촉촉하고 매끄러우면서 뻗치는 방향성을 만든다.

Face Type

직사각형 · 계란형 · 긴계란형 · 역삼각형 · 삼각형

Short Cut Hair Style _ 65

깨끗하면서 청순한 매력을 주는 스타일이다.
머리끝을 깃털처럼 가볍고 가늘어지게 커트한 후 헤어왁스로 매끄럽고 뻗치는 흐름을 만들어준다.

Face Type

계란형 긴계란형
네모난형 역삼각형

Short Cut Hair Style _ 66

스라이싱 커트기법으로 깃털처럼 가벼운 질감을 만들면서 얼굴을 감싸는 방향성을 만들어준다.
롤스트레이트 펌을 하고 헤어 광택제로 풍성한 움직임을 만들어준다.

Face Type

직사각형 계란형 긴계란형
네모난형 육각형

Short Cut Hair Style _ 67

샤프하면서 자연스런 움직임을 주는 부드러운 매력의 여성스러운 스타일이다.
가늘어지고 가볍게 커트 하여 풍성한 볼륨을 만들고 곱슬기가 있는 모발은 부드러운 스트레이트펌을 해준다

Face Type

직사각형 · 계란형 · 긴계란형 · 둥근형

네모난형 · 역삼각형 · 삼각형

Short Cut Hair Style _ 68

여성스럽고 섹시한 매력을 주는 스타일이다.
가늘어지고 불규칙한 질감으로 커트한 후 2 · 3호르 풀린 듯한 자연스런 웨이브펌을 해준다.

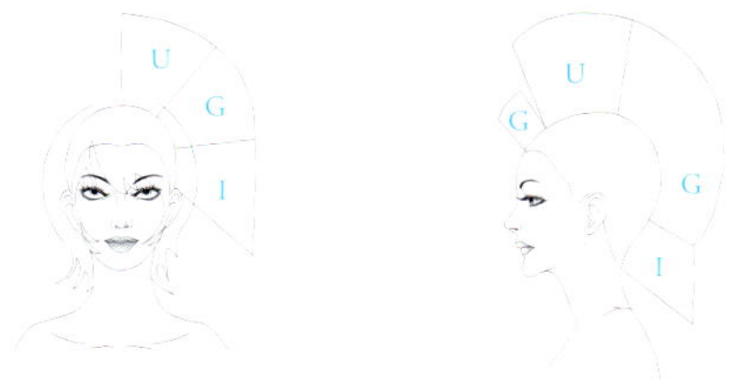

Face Type

직사각형 · 계란형 · 긴계란형

네모난형 · 역삼각형 · 육각형

Short Cut Hair Style _ 69

직장 여성에게 특히 잘 어울리는 깨끗하고 단정한 매력을 주는 스타일로 단순한 스타일 같지만 세밀한 커트와 롤스트레이트펌으로 안정된 안말음 방향을 만드는 것이 중요하다.

Face Type

직사각형 계란형 긴계란형

역삼각형

Short Cut Hair Style _ 70

깨끗하고 지적인 분위기의 스타일로 부드럽고 자연스런 커트와 롤스트레이트펌으로 손질하기 편한 스타일을 만들어 준다.

Face Type

직사각형 계란형 긴계란형

네모난형 역삼각형

Short Cut Hair Style _ 71

청순한 매력을 주는 손질하기 편한 스타일이다.
안말음, 바깥말음을 조화시켜 곡선의 형태 라인을 만드는 것이 포인트이다. 깃털처럼 가볍고 부드러운 텍스춰를 만들고 롤스트레이트펌을 해준다.

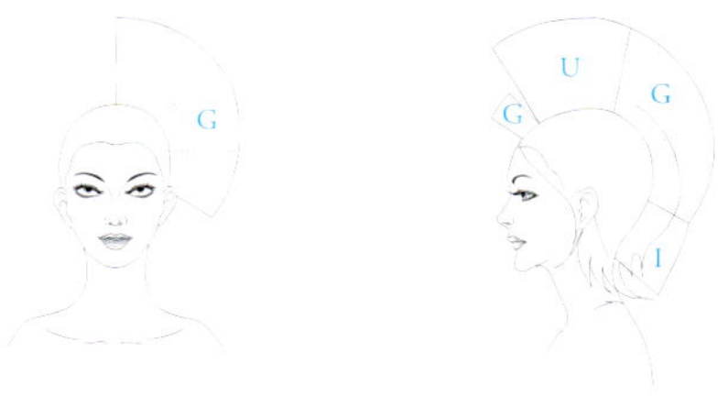

Face Type

직사각형 계란형 긴계란형
역삼각형

Short Cut Hair Style _ 72

활동적이고 부드러우면서 세련된 분위기를 나타내는 스타일로 세밀 하게 커트하여 가볍고 풍성한 볼륨을 만들고 롤스트레이트 펌을 해준다.

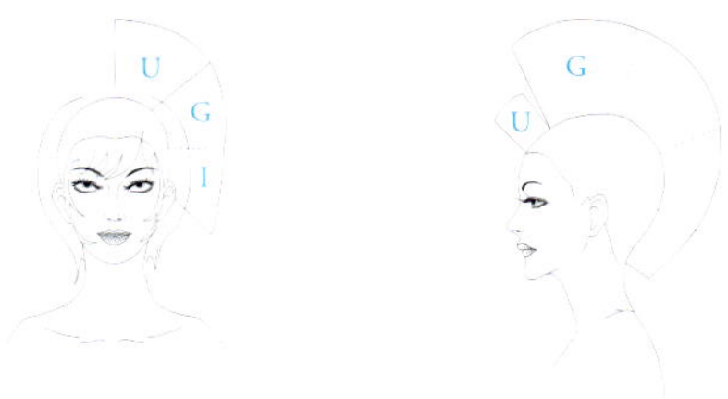

Face Type

직사각형 계란형 긴계란형
네모난형 역삼각형 육각형

Short Cut Hair Style _ 73

깔끔하고 단정한 아름다움을 주는 활동적인 스타일이다. 안말음 되는 세밀한 커트를 하고 롤 스트레이트 펌을 하여 손질하기 편한 스타일을 만들어준다.

Face Type

계란형 · 긴계란형 · 역삼각형

Short Cut Hair Style _ 74

신선하고 자연스런 매력을 주는 손질하기 편한 스타일이다. 깃털처럼 가벼운 텍스춰를 만들어 부드러운 움직임을 만들고 롤스트레이트펌을 하여 손질하기 편한 스타일을 만들어준다.

Face Type

직사각형 · 계란형 · 긴계란형 · 역삼각형

Short Cut Hair Style _ 75

전체를 가늘어지고 불규칙하게 커트한 후 2 · 3 · 4호로 역회전 와인딩을 한 후 헤어왁스로 방향을 잡아주면서 스타일링 한다.

Face Type

계란형 긴계란형

역삼각형

Short Cut Hair Style _ 76

끝부분을 가늘어지고 가볍게 커트하고 목덜미는 3 · 4호로 역회전 와인딩하고 나머지는 안말음 롤스트레이트를 하여 여성스럽고 귀여운 느낌을 표현해준다.

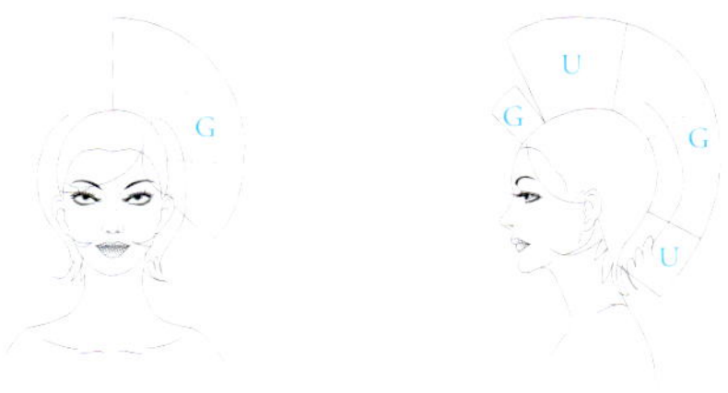

Face Type

직사각형 계란형 긴계란형

역삼각형

Short Cut Hair Style _ 77

여성스럽고 자연스런 매력을 주는 스타일로 세밀하게 커트하고 롤스트레이트 펌을 하여 율동감 있는 스타일을 만든다.
헤어 광택제를 도포하여 윤기있고 매끄러운 질감을 만든다.

Face Type

직사각형 계란형 긴계란형
네모난형 역삼각형

Short Cut Hair Style _ 78

앞머리와 옆머리는 가늘어지고 가벼운 흐름을 만들고 형태 라인은 가벼운 층이 나면서 심플한 둥근 형태 라인을 조화시켜 청순한 개성의 특징을 표현해준다.
소프트한 무스를 도포하고 촉촉하고 매끄러운 질감을 만들어준다.

Face Type

직사각형 계란형 긴계란형
네모난형 역삼각형 육각형

Short Cut Hair Style _ 79

지적이고 활동적인 여성미를 나타내주는 스타일이다.
기본 그래쥬에이션 형태를 유지하면서 끝부분을 가늘어지고 가볍게 커트하고 롤스트레이트펌을 하여 부드럽고 풍성한 볼륨을 만든다.

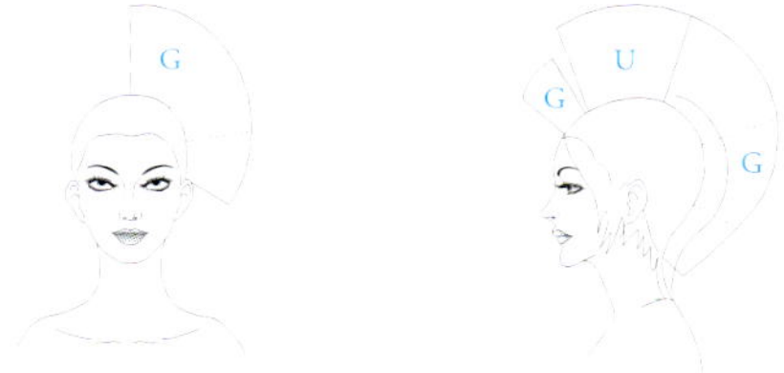

Face Type

직사각형 · 계란형 · 긴계란형 · 둥근형
네모난형 · 역삼각형 · 육각형 · 삼각형

Short Cut Hair Style _ 80

끝부분을 가늘어지고 대담하게 불규칙한 텍스춰로 커트를 하고 1 · 2 · 3호로 웨이브 펌을 한다.
무스나 왁스로 촉촉한 질감으로 방향을 잡아주며 귀엽고 자유분방한 여성미를 표현해준다.

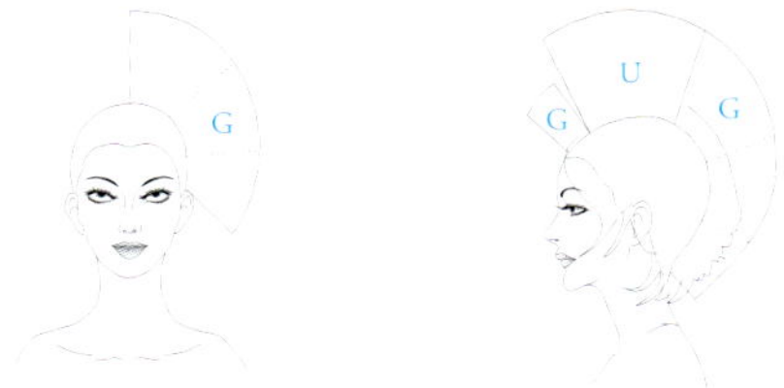

Face Type

직사각형 · 계란형 · 긴계란형 · 둥근형
네모난형 · 역삼각형 · 육각형 · 삼각형

Short Cut Hair Style _ 81

청초하고 보이시한 매력을 주는 스타일이다.
가늘어지고 뾰족한 질감으로 짧게 커트하고 헤어 왁스로 촉촉 하면서 자유로운 방향으로 스타일링한다.

Face Type

직사각형	계란형	긴계란형
네모난형	역삼각형	

Short Cut Hair Style _ 82

끝부분을 대담하고 불규칙 하게 커트 하여 자유분방하고 개성있는 여성미를 표현해준다. 왁스를 바르고 풍성한 양감을 만들면서 자유롭게 스타일링한다.

Face Type

계란형	긴계란형
역삼각형	

Short Cut Hair Style _ 83

후두부에서 풍성한 볼륨을 만들고 목덜미에서 가늘어지고 가벼운 흐름을 만들고 롤스트레이트 펌을 하여 신선하고 세련된 여성이미지를 표현해준다.

Face Type

직사각형 계란형 긴계란형 둥근형
네모난형 역삼각형 육각형 삼각형

Short Cut Hair Style _ 84

끝부분을 대담하고 불규칙하게 해주면서 앞머리는 짧고 무겁게 커트한다. 무스와 스프레이를 사용하여 보이시 하면서 귀여운 여성미를 표현해준다.

Face Type

계란형 긴계란형

Short Cut Hair Style _ 85

활동적이고 단정한 이미지의 스타일이다.
두정부와 후두부는 풍성한 볼륨을, 목덜미에서는 자연스럽고 가벼운 커트를 하고 롤스트레이트펌을 해준다.

Face Type

직사각형 | 계란형 | 긴계란형 | 둥근형
네모난형 | 역삼각형 | 육각형 | 삼각형

Short Cut Hair Style _ 86

끝부분을 가늘어지고 불규칙한 질감으로 층지게 커트한 후 2 · 3 · 4호로 웨이브펌을 한다.
헤어무스를 바르고 자유롭게 털어서 손질한다.

Face Type

직사각형 | 계란형 | 긴계란형 | 둥근형
네모난형 | 역삼각형 | 육각형 | 삼각형

Short Cut Hair Style _ 87

후두부에서 층이 높게 나서 얼굴쪽으로 층이 줄어드는 앞방향 그래쥬에이션 스타일이다.
세밀하게 커트하고 롤스트레이트펌을 하여 안말음이 잘되어 손질하기 편한 스타일을 만든다.

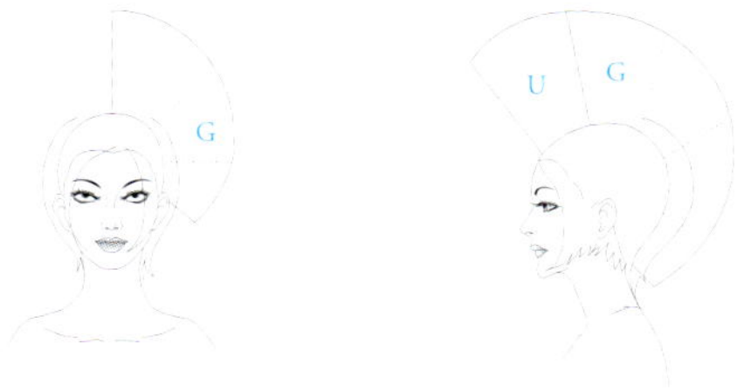

Face Type

직사각형 계란형

네모난형 육각형

Short Cut Hair Style _ 88

부드럽고 자연스럽게 안말음 운동이 일어나는 정교한 커트를 하면서 목덜미에서는 가늘어지고 불규칙하게 커트하고 롤스트레이트 펌을 하여 풍성한 볼륨과 부드러운 움직임을 만든다.

Face Type

직사각형 계란형 긴계란형

네모난형 역삼각형

Short Cut Hair Style _ 89

깨끗하고 단정한 분위기의 기본 그래쥬에이션 스타일이다. 롤스트레이트 펌을 해주고 헤어 광택제를 도포하여 매끄러운 질감으로 스타일링 한다.

Face Type

계란형 / 긴계란형 / 역삼각형

Short Cut Hair Style _90

끝부분을 가늘어지고 가벼운 질감으로 짧게 커트하고 2 · 3 · 4호로 자연스런 웨이브펌을 해준다.
왁스나 무스를 바르고 촉촉하고 움직임있는 스타일을 만들어준다.

Face Type

계란형 / 긴계란형 / 역삼각형

Short Cut Hair Style _ 91

귀엽고 여성스러운 매력을 주는 전통적인 층단발이다.
둥근 형태 라인을 만들면서 안말음이 되도록 층지게 커트하고 롤스트레이트펌을 한다.
헤어광택제로 매끄럽게 스타일링한다.

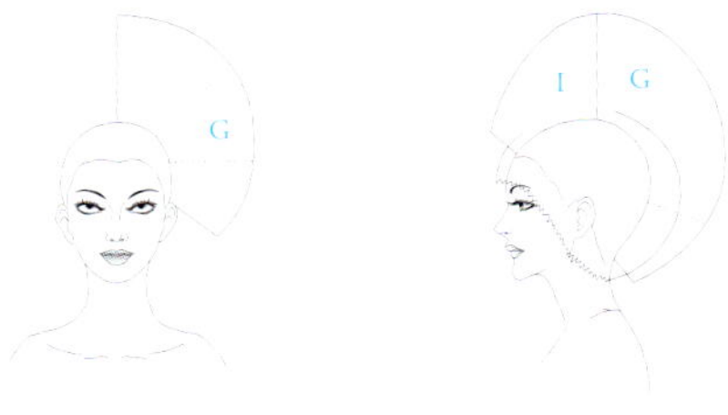

Face Type

직사각형 · 계란형 · 긴계란형

네모난형 · 역삼각형 · 육각형

Short Cut Hair Style _ 92

기본 그래쥬에이션 형태로 가볍고 부드럽게 커트하고 2 · 3 · 4호로 굵은 웨이브펌을 한다.
헤어 광택제를 바르고 빗질하여 스타일을 만든 후 헤어 스프레이로 고정시킨다.

Face Type

계란형 · 긴계란형 · 둥근형

역삼각형

Short Cut Hair Style _ 93

깨끗하고 개성의 매력을 주는 둥근형태 라인의 층 단발스타일이다. 안말음 되는 그래쥬에이션 커트를 하고 롤스트레이트펌을 한다. 헤어광택제를 고르게 도포하여 매끄러운 스타일을 만든다.

Face Type

직사각형 · 계란형 · 긴계란형 · 둥근형

네모난형 · 역삼각형 · 육각형 · 삼각형

Short Cut Hair Style _ 94

가벼운 층으로 짧게 커트한 후 2·3·4·5·6호 롯드로 웨이브펌을 하여 부드럽고 풍성한 볼륨을 만들어준다. 무스를 바르고 자연스럽게 스타일링한다.

Face Type

직사각형 · 계란형 · 긴계란형 · 둥근형

네모난형 · 역삼각형 · 육각형 · 삼각형

Short Cut Hair Style _ 95

귀엽고 상큼한 매력의 보이시한 스타일이다.
가늘어지고 가볍게 커트하고 헤어 광택제를 바르고 매끄럽고 자연스럽게 스타일링한다.

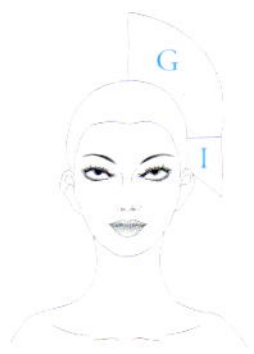

Face Type

계란형 긴계란형

역삼각형

Short Cut Hair Style _ 96

안말음 운동이 일어나도록 층지게 커트하면서 목덜미 부분에서는 가늘어지고 불규칙하게 커트하여 뻗치는 흐름을 만든다. 롤스트레이트 펌을 하여 부드럽고 풍성한 스타일을 연출한다.

Face Type

직사각형 계란형 긴계란형

네모난형 역삼각형 육각형

Short Cut Hair Style _ 97

끝부분을 깃털처럼 가볍고 불규칙하고 자유롭게 커트한다. 헤어왁스로 터치하면서 자유롭게 연출하여 대담하고 자유로운 매력을 표현해준다.

Face Type

직사각형 계란형 긴계란형

역삼각형

Short Cut Hair Style _ 98

끝부분을 가늘어지고 가벼운 질감을 만들면서 두정부와 후두부에 풍성한 볼륨을 만든다.
곱슬기가 있을때는 스트레이트펌을, 직모일때는 롤스트레이트펌을 해주고 헤어광택제로 윤기있게 스타일링한다.

Face Type

계란형 긴계란형 둥근형

네모난형 육각형

Woman
Medium Hair Cut Style

Medium Hair Cut Style _ 01

끝부분을 가늘어지게 불규칙한 그래쥬에이션 층을 만들고 바깥말음 펌을 하여 뻗치는 흐름의 풍성한 웨이브를 만든다. 3 · 4호로 와인딩하여 펌을 해준다.

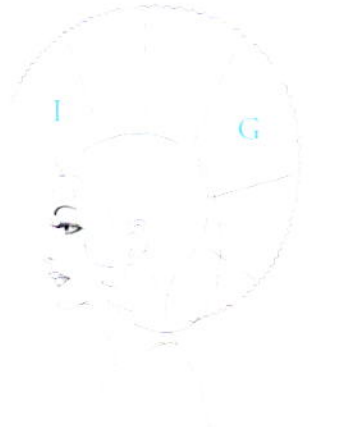

Face Type

계란형 · 긴계란형 · 역삼각형 · 육각형

Medium Hair Cut Style _ 02

신선하고 청순한 매력을 주는 부드럽게 층이 나는 단발 스타일이다.
단순한 스타일 같지만 부드럽고 가볍게 연출하기 어려운 스타일이므로 세밀한 층을 만들어야 하며 직모는 롤스트레이트펌을, 곱슬기가 있을 때는 스트레이트 펌을 해준다.

Face Type

직사각형 · 계란형 · 긴계란형 · 네모난형 · 역삼각형 · 육각형

Medium Hair Cut Style _ 03

깨끗하고 단정한 분위기, 여성스러움을 주는 스타일이다. 앞방향 그래쥬에이션 기법으로 부드러운 층을 만들어 롤스트레이트펌을 해준다.

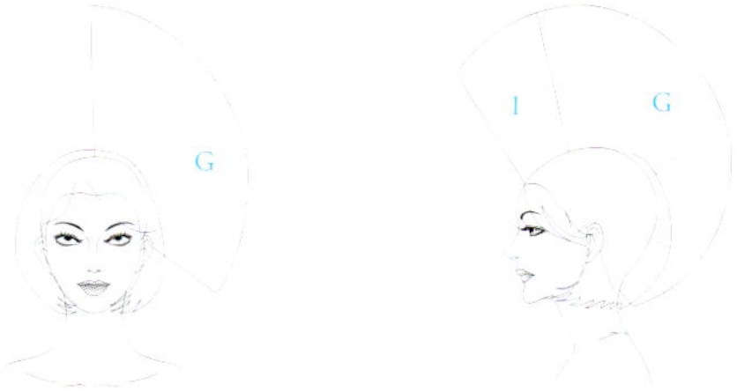

Face Type

직사각형 계란형 긴계란형

네모난형 역삼각형

Medium Hair Cut Style _ 04

깨끗하고 단정한 여성스러움을 주는 스타일이다.
전통적인 층이나는 단발스타일로 부드럽고 가벼운 층과 롤스트레이트펌을 해주어 안말음되는 모발 흐름을 만들어 주어야한다.

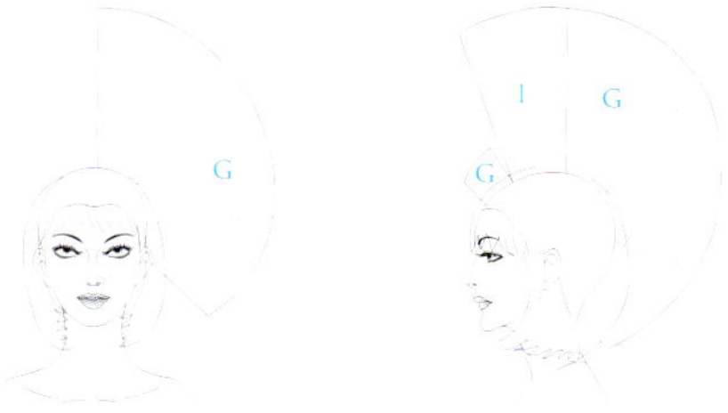

Face Type

직사각형 계란형 긴계란형

네모난형 역삼각형

Medium Hair Cut Style _ 05

부드러운 컬의 움직임으로 자연스러운 여성미를 표현한다. 2 · 3 · 4호로 와인딩 하고 굵으면서 탄력을 주는 펌제를 사용하여 시술한다.

Face Type

계란형 | 긴계란형 | 역삼각형

Medium Hair Cut Style _ 06

직선의 앞머리, 안말음, 바깥말음을 조화시켜 깨끗하고 단정하면서 도시적 매력의 여성미를 나타낸다.
앞머리는 스트레이트, 전체는 롤스트레이트펌을 한다.

Face Type

직사각형 | 계란형 | 긴계란형 | 역삼각형 | 육각형

Medium Hair Cut Style _ 07

볼륨있고 흐트러진 모발흐름이 신선하고 섹시한 아름다움을 나타내는 스타일이다.
네이프 5호, 백 4호, 크라운, 두정부는 3호, 앞머리는 2호, 사이드는 3호로 펌을 하여 움직임을 주는 웨이브펌을 한다.

Face Type

직사각형 · 계란형 · 긴계란형 · 둥근형

역삼각형

Medium Hair Cut Style _ 08

가볍고 부드러운 층으로 움직임을 주어 여성스러운 매력을 주는 스타일이다.
네이프는 4 · 3호, 백은 3호로 배열하고 다른 부위는 판넬을 붙인후 말아서 롤스트레이트펌을 한다.

Face Type

직사각형 · 계란형

네모난형 · 육각형 · 삼각형

Medium Hair Cut Style _ 09

용모가 깔끔해 보이는 층이 나는 단발 스타일로 부드럽고 가볍게 층을 내서 뻗치지 않게 하는 것이 포인트이다.
직모는 롤스트레이트, 곱슬기가 있을때는 스트레이트펌을 해준다.

Face Type

직사각형 계란형 긴계란형 둥근형
네모난형 육각형 삼각형

Medium Hair Cut Style _ 10

목둘레에 가늘어지고 가벼운 흐름을 만들어 순수하고 청순한 매력의 신선함을 부여한다.
롤스트레이트펌을 해주어 자연스런 움직임을 준다.

Face Type

직사각형 계란형 긴계란형
네모난형 역삼각형

Medium Hair Cut Style _ 11

사프한 매력과 손질하기 편한 스타일로 끝부분을 가늘어지고 불규칙한 텍스춰로 자연스럽고 곡선의 움직임있는 흐름을 만드는 것이 포인트이다.

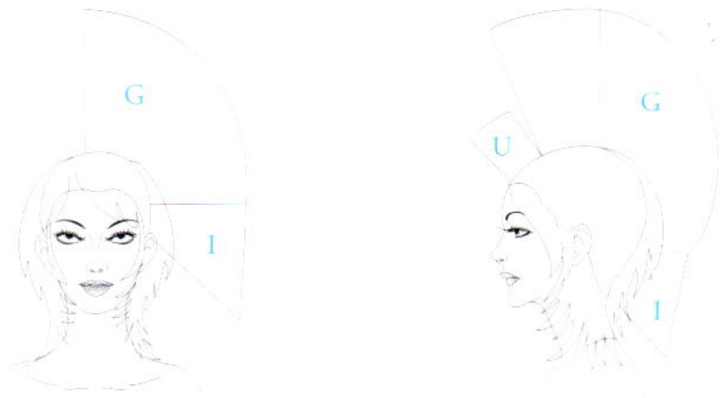

Face Type

직사각형	계란형	긴계란형	둥근형
네모난형	역삼각형	육각형	삼각형

Medium Hair Cut Style _ 12

층단발에 가닥가닥 긴머리를 늘어뜨려 곡선의 웨이브를 만들어 섹시하고 세련된 개성미를 표현한다.
롤스트레이트펌을 하고 긴기장의 모발은 3호로 와인딩하여 곡선의 움직임을 만든다.

Face Type

직사각형	계란형	긴계란형	둥근형
네모난형	역삼각형	육각형	삼각형

Medium Hair Cut Style _ 13

청순하고 깔끔한 이미지의 여성스런 매력을 주는 스타일로 부드럽고 가벼운 층을 만들어 안말음 흐름을 만들어야 한다. 직모는 롤스트레이트, 곱슬기가 있을때는 스트레이트펌을 한다.

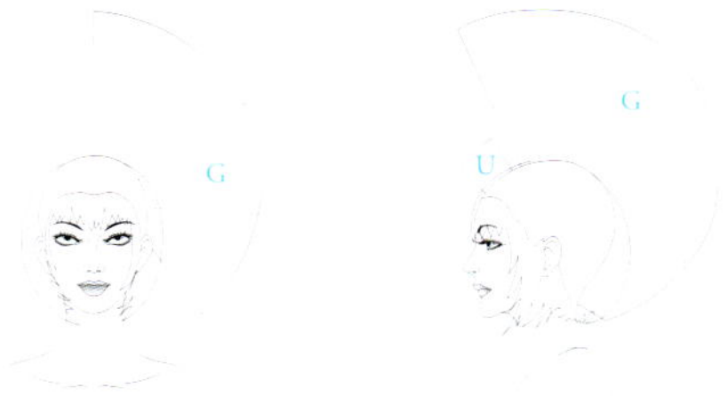

Face Type

직사각형 · 계란형 · 긴계란형 · 둥근형

네모난형 · 역삼각형 · 육각형 · 삼각형

Medium Hair Cut Style _ 14

전통적인 층단발 스타일로 단순함한 스타일이지만 귀엽고 도시적인 여성미를 나타내주는 스타일이다.
직모는 롤스트레이트, 곱슬기가 있을때는 스트레이트펌을 해주어 매끄럽고 윤기나는 스타일을 연출한다.

Face Type

직사각형 · 계란형 · 긴계란형 · 둥근형

네모난형 · 역삼각형 · 육각형 · 삼각형

Medium Hair Cut Style _ 15

끝부분을 가늘어지고 가볍게 커트하여 부드러운 움직임을 주어 신선하고 단정한 매력을 나타내준다.
직모는 롤스트레이트, 곱슬기가 있을때는 스트레이트펌을 해준다.

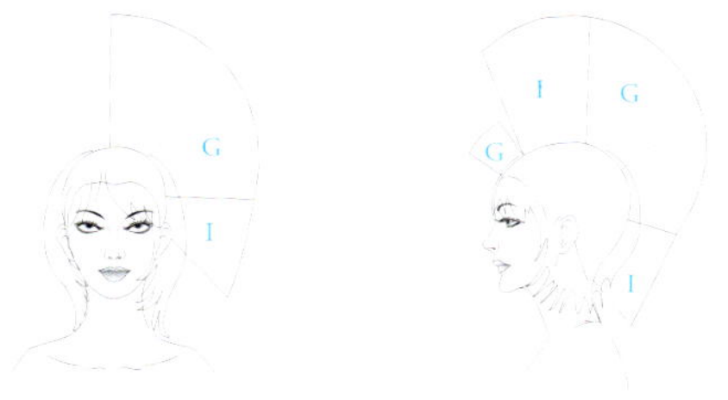

Face Type

직사각형 · 계란형 · 긴계란형

육각형

Medium Hair Cut Style _ 16

청순하고 단정한 매력을 주는 스타일로 단순한 스타일 같지만 각도에 의해서 세밀한 층을 만들고 롤스트레이트펌을 잘해야 안말음이 잘되는 스타일이다.

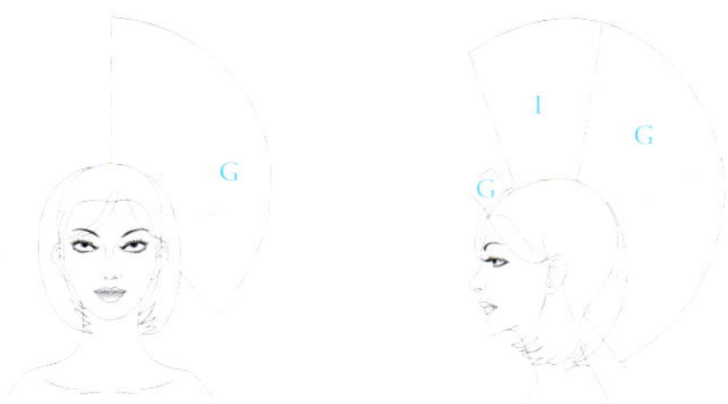

Face Type

직사각형 · 계란형 · 긴계란형 · 둥근형

네모난형 · 역삼각형 · 육각형 · 삼각형

Medium Hair Cut Style _ 17

부드럽고 가벼운 움직임의 레이어 스타일로 로맨틱하면서 여성적인 매력을 주는 스타일이다.
깃털처럼 가벼운 질감을 만드는 커트가 포인트이다.

Face Type

직사각형 · 계란형 · 긴계란형 · 둥근형
네모난형 · 육각형

Medium Hair Cut Style _ 18

샤프 하면서 깔끔한 여성미를 느끼게 하는 스타일로 가늘어지고 가볍게 커트하여 풍성한 볼륨을 만든다. 롤스트레이트펌을 하여 손질하기 편한 스타일을 만들어준다.

Face Type

직사각형 · 계란형 · 긴계란형 · 둥근형
네모난형 · 역삼각형

Medium Hair Cut Style _ 19

안말음과 바깥말음을 조화시켜 곡선의 부드럽고 분위기 있는 스타일을 만들어 내츄럴한 여성스러움을 표현해준다. 롤스트레이트펌으로 풍성한 볼륨과 움직임을 만든다.

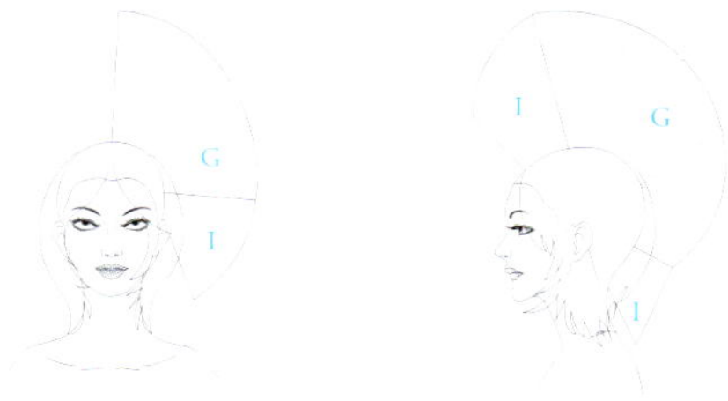

Face Type

직사각형 · 계란형 · 긴계란형

네모난형 · 역삼각형 · 육각형

Medium Hair Cut Style _ 20

급격하게 길어지는 앞방향 그래쥬에이션 스타일로 자유롭고 도시적인 여성미를 느끼게 하는 스타일이다. 곱슬기 있는 모발은 스트레이트펌을 해준다.

Face Type

계란형 · 긴계란형

역삼각형 · 육각형

Medium Hair Cut Style _ 21

안정된 느낌의 신선한 내츄럴 층단발로 세밀한 층을 주고 롤스트레이트펌을 해주어 손질하기 편한 안말음 스타일을 만들어준다.

Face Type

직사각형 계란형

Medium Hair Cut Style _ 22

깨끗하고 단정한 매력을 주는 자연스런 층단발이다.
가볍고 균형잡힌 층을 만들어야 하고 롤스트레이트펌을 잘 해야 안말음이 잘되어 손질하기 편해진다.

Face Type

직사각형 계란형 긴계란형 둥근형

네모난형 역삼각형

Medium Hair Cut Style _ 23

자연스러운 굵은 웨이브가 귀여운 여성스러움을 느끼게 하는 스타일이다.
네이프 4호, 백 · 크라운 3호, 사이드 3호, 톱 4호, 앞머리는 2호로 베이직 와인딩하여 웨이브펌을 한다.

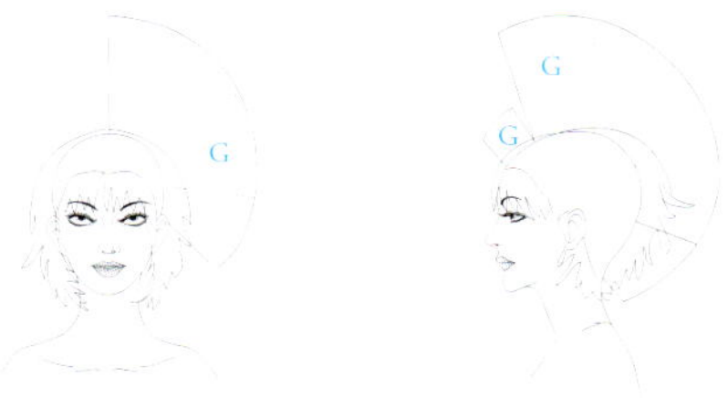

Face Type

직사각형 계란형 긴계란형
역삼각형

Medium Hair Cut Style _ 24

신선하고 단정한 아름다움을 주는 부드러운 스타일이다. 가볍고 균형감있는 층을 만들고 롤스트레이트펌을 하여 안말음이 잘되고 손질하기 편한 스타일을 만든다.

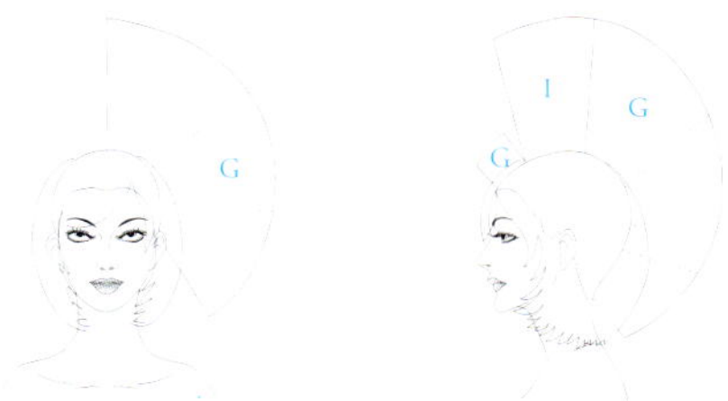

Face Type

직사각형 계란형 긴계란형
네모난형 역삼각형 육각형

Medium Hair Cut Style _ 25

깃털같은 가벼운 텍스춰와 부드러운 컬 흐름은 여성스런 매력을 느끼게 하는 스타일이다.
롤스트레이트펌으로 가볍고 움직임 있는 흐름을 만든다.

Face Type

직사각형 · 계란형 · 네모난형 · 육각형

Medium Hair Cut Style _ 26

가볍고 움직임있는 텍스춰와 곡선의 형태를 만들어 스포티하고 경쾌한 느낌의 여성스러움을 나타낸다.
전체를 2 · 3 · 4호로 베이직 와인딩하여 움직임있는 컬을 만든다.

Face Type

직사각형 · 계란형 · 긴계란형 · 네모난형 · 역삼각형 · 육각형

Medium Hair Cut Style _ 27

무거움과 가벼움을 조화시켜 세련되고 자유로운 개성을 표현 한다. 직모는 롤스트레이트, 곱슬기가 있을 떠는 스트레이트펌을 해준다.

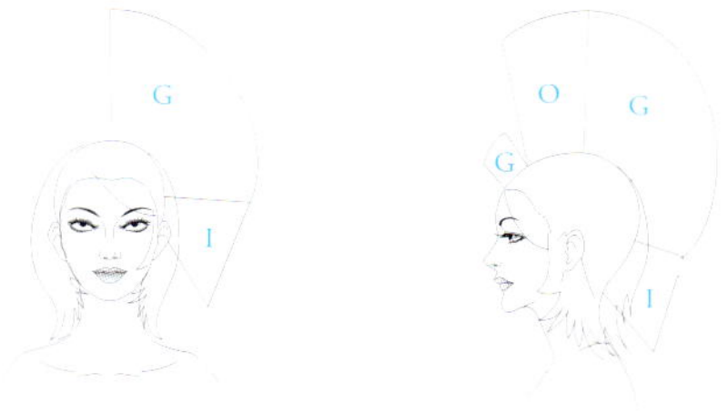

Face Type

계란형 · 긴계란형 · 육각형

Medium Hair Cut Style _ 28

대담하게 불규칙하고 가늘어지는 텍스춰로 스포티 하면서 대담하고 자유 분방한 여성스러움을 나타낸다.
거칠어 보이지 않도록 섬세한 층과 질감을 만드는 것이 포인트이다.

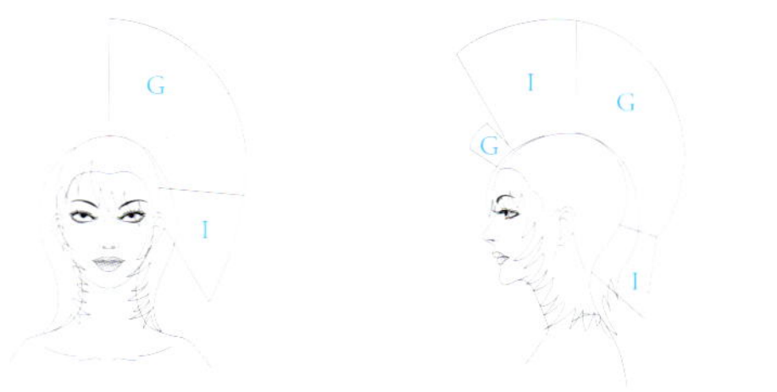

Face Type

직사각형 · 계란형 · 긴계란형 · 둥근형

네모난형 · 역삼각형 · 육각형 · 삼각형

Medium Hair Cut Style _ 29

부드럽고 움직임있는 자연스런 웨이브로 로맨틱한 여성스러움을 표현한 스타일이다.
2 · 3 · 4호로 베이직 와인딩하여 펌을 하고 헤어광택제나 무스를 바르고 털어서 자연스러운 움직임을 만들어준다.

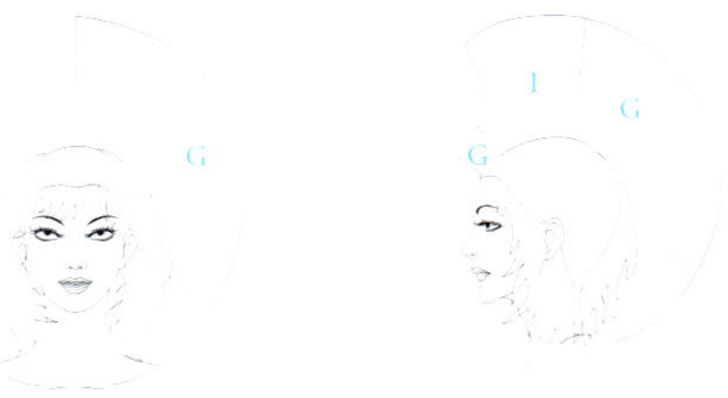

Face Type

직사각형 · 계란형 · 긴계란형 · 둥근형

네모난형 · 역삼각형 · 육각형 · 삼각형

Medium Hair Cut Style _ 30

단정하면서 청순한 매력을 주는 스타일이다.
둥근 형태 라인으로 안말음운동이 일어날 수 있도록 세밀하게 그래쥬에이션 커트를 한다.
단순해 보여서 쉬운 스타일 같지만 커트와 롤스트레이트펌이 균형적이어야 손질하기 편한 스타일이 된다.

Face Type

직사각형 · 계란형 · 긴계란형 · 둥근형

네모난형 · 역삼각형 · 육각형 · 삼각형

Medium Hair Cut Style _ 31

자연스럽고 여성스런 매력을 주는 층단발이다.
끝부분을 가늘어지고 가벼운 질감으로 세밀하게 커트하고 롤스트레이트펌을 하여 안말음이 잘되어 손질하기 편한 스타일을 만들어준다.

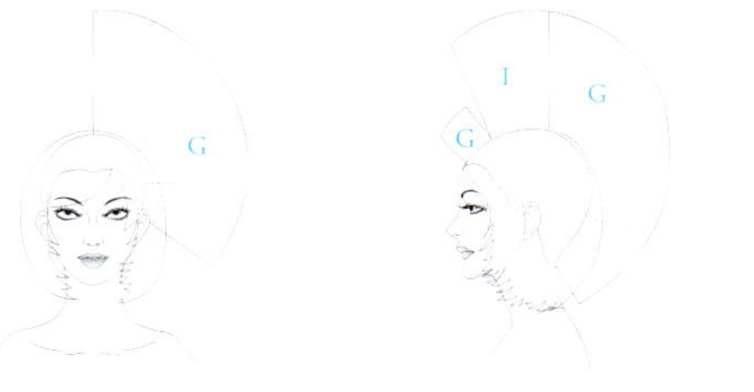

Face Type

직사각형	계란형	긴계란형	
네모난형	역삼각형	육각형	삼각형

Medium Hair Cut Style _ 32

청순하고 여성스런 매력을 주는 스타일로 커트기법과 롤스트레이트 기법이 균형이 잘 맞으면 손질하기 편한 안말음이 된다. 헤어 광택제를 바르고 부드럽고 매끄러운 질감으로 마무리한다.

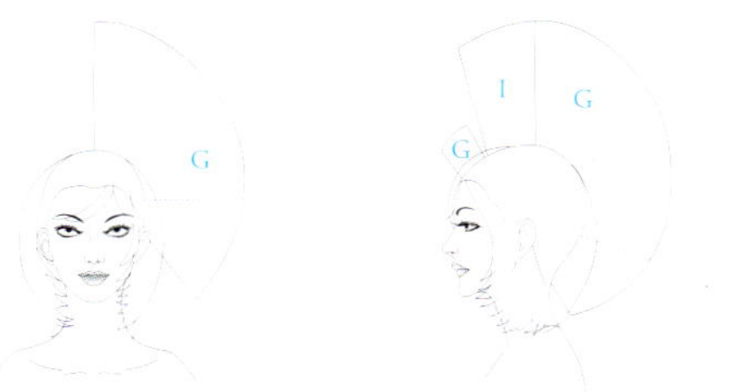

Face Type

직사각형	계란형	긴계란형	
네모난형	역삼각형	육각형	삼각형

Medium Hair Cut Style _ 33

앞머리 와 옆머리 일부는 층없이 깨끗한 라인으로 커트하고 그외 부위는 안말음이 될 수 있도록 그래쥬에이션 커트를 한다. 롤스트레이펌을 하여 손질하기 편한 스타일을 만들어준다. 직모인 모발, 건강한 모발에 적합한 스타일이다.

Face Type

직사각형 계란형 긴계란형

역삼각형 육각형 삼각형

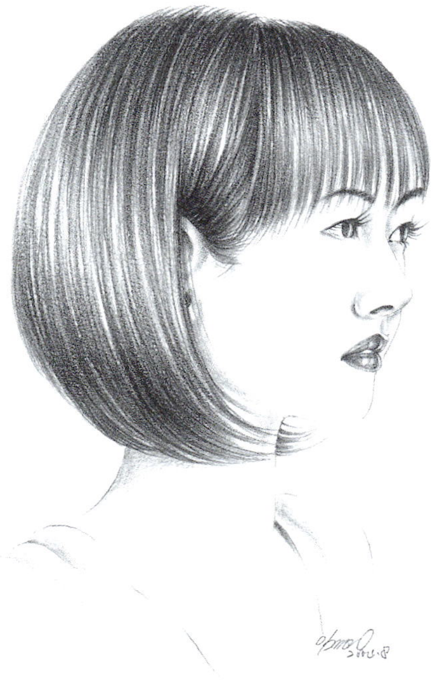

Medium Hair Cut Style _ 34

단정하면서 청순한 매력을 주는 전통적인 층 단발스타일이다. 정교한 그래쥬에이션 커트를 하고 롤스트레이트펌을 균형적으로 하여야 손질하기 편한 스타일이 된다.

Face Type

직사각형 계란형 긴계란형

네모난형 역삼각형 육각형 삼각형

Medium Hair Cut Style _ 35

청순하고 깨끗한 분위기의 스타일로 대체로 어떤 얼굴형에 도 잘 어울리는 스타일이다.
둥근 형태 라인으로 세밀하게 그래쥬에이션 커트를 하고 롤스트레이트펌을 하여 손질하기 편한 스타일을 만들어 준다. 건강한 모발, 숱이 있는 모발에 더 적합한 스타일이다.

Face Type

직사각형 · 계란형 · 긴계란형
네모난형 · 역삼각형 · 육각형 · 삼각형

Medium Hair Cut Style _ 36

귀엽고 섹시한 매력을 주는 스타일이다.
끝부분을 가늘어지고 불규칙한 질감으로 층지게 커트한후 2 · 3 · 4호로 끝에서 1.5바퀴 와인딩하여 펌을 하고 무스와 헤어 광택제는 섞어서 연출하면 움직임있고 윤기나는 스타일을 만들 수 있다.

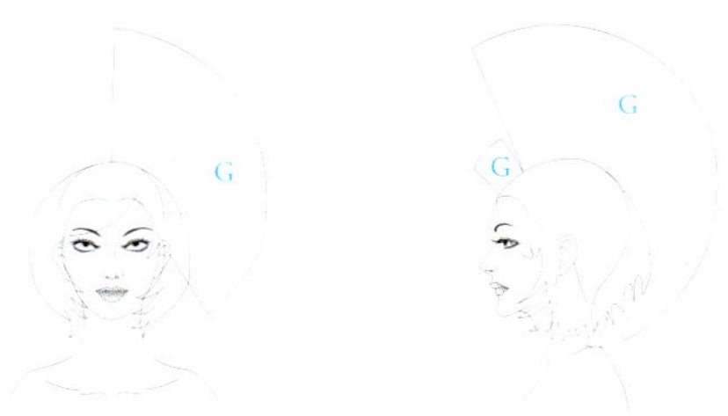

Face Type

계란형 · 긴계란형
역삼각형

Medium Hair Cut Style _ 37

단순하면서 순수한 개성미를 느끼게 하는 전통 단발스타일이다. 층지지 않게 수평 라인으로 커트한다. 곱슬기가 있다면 스트레이트펌을 해 준다.

Face Type

계란형 · 긴계란형 · 둥근형

역삼각형 · 육각형 · 삼각형

Medium Hair Cut Style _ 38

끝부분을 대담하게 불규칙하고 가늘어지는 질감으로 커트한다. 직모일 때는 2 · 3호로 살짝 웨이브를 만들고 약간 곱슬기가 있다면 표현하기 좋은 스타일이다.
왁스로 촉촉하고 뻗치는 방향으로 스타일링 하여 귀엽고 여성스런 매력을 나타내준다.

Face Type

계란형 · 긴계란형

역삼각형

Medium Hair Cut Style _ 39

작은 얼굴형에 잘 어울리는 스타일로 귀엽고 개성미를 주는 스타일이다. 층없이 커트한 다음 Z 모양의 펌도구로 웨이브펌을 한다. 완전하게 건조하여 헤어광택제로 윤기 있게 마무리한다.

Face Type

계란형 긴계란형
역삼각형

Medium Hair Cut Style _ 40

끝부분이 뻗칠 수 있도록 가늘어지고 불규칙한 텍스춰로 층지게 커츠한 다음 역회전하는 롤스트레이트펌을 하여 손질 하기 편한 스타일을 만들어준다.

Face Type

계란형 긴계란형
역삼각형

Medium Hair Cut Style _ 41

작고 귀여운 얼굴형에 잘 어울리는 스타일이다.
전체를 가늘어지게 가볍게 커트한 다음 3 · 4 · 5호로 굵은 웨이브펌을 해준다. 무스를 바르고 스타일링 하여 자연스런 움직임을 표현해준다.

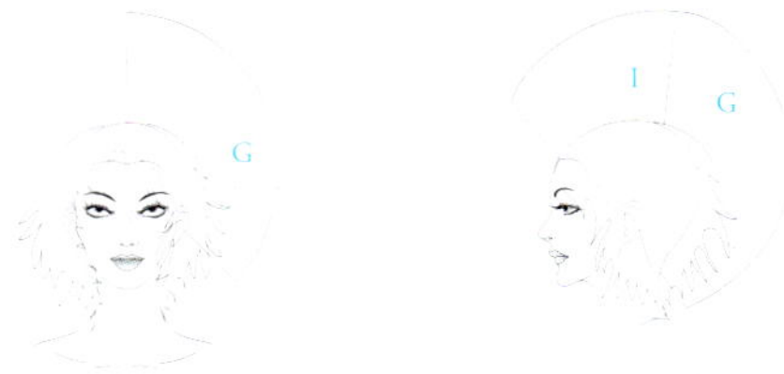

Face Type

계란형 · 긴계란형 · 역삼각형

Medium Hair Cut Style _ 42

둥근형태 라인으로 가볍고 자연스런 움직임을 주는 층단발 스타일이다.
세밀하게 커트하고 롤스트레이트펌을 하여 안말음 스타일을 만든다. 헤어 광택제를 바르고 윤기있고 매끄러운 질감으로 마무리한다.

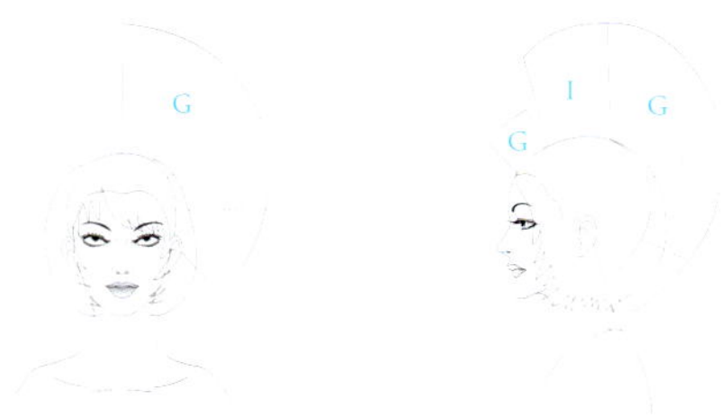

Face Type

계란형 · 긴계란형 · 역삼각형

Medium Hair Cut Style _ 43

자연스럽고 부드러운 움직임이 있는 여성스런 매력을 주는 스타일로 가벼운 질감으로 커트하고 롤스트레이트 펌을 해준다. 헤어 광택제를 바르고 윤기있고 촉촉한 머릿결로 마무리한다.

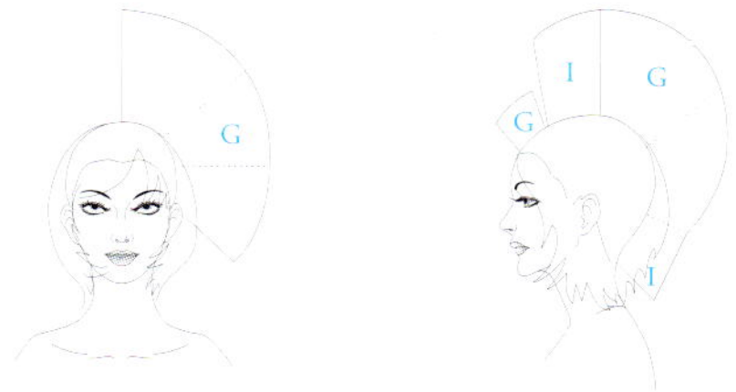

Face Type

직사각형	계란형	긴계란형	둥근형
네모난형	역삼각형	육각형	삼각형

Medium Hair Cut Style _ 44

앞머리는 가벼운 질감으로 층을 만들고 뒷머리는 층을 주지 않고 깨끗한 라인으로 커트한다.
헤어광택제와 소프트한 무스를 섞어서 고르게 도포하여 촉촉하고 매끄러운 질감으로 스타일링한다.

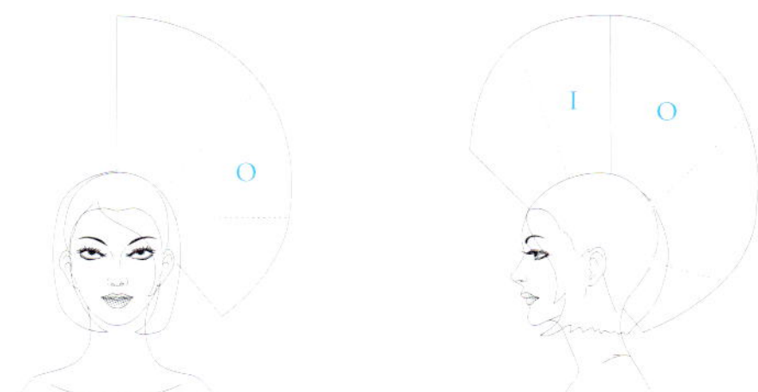

Face Type

직사각형	계란형	긴계란형	둥근형
네모난형	역삼각형	육각형	삼각형

Medium Hair Cut Style _ 45

끝부분을 가늘어지고 가볍게 층지게 커트한 후 2 · 3 · 4호로 끝부분에서 1.5바퀴 와인딩하여 굵고 자유로운 모발 흐름을 만든다.
헤어 왁스로 터치하면서 바르고 자유롭게 마무리한다.

Face Type

직사각형 · 계란형 · 긴계란형 · 역삼각형

Medium Hair Cut Style _ 46

청순하면서 순수한 매력을 주는 스타일이다. 층을 많이 주지 않으면서 가볍게 커트한다.
직모는 롤스트레이트펌, 곱슬기가 있을때는 스트레이트펌을 해준다.

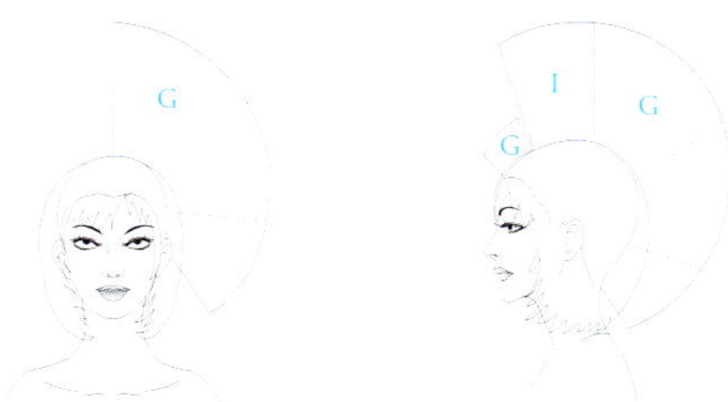

Face Type

직사각형 · 계란형 · 긴계란형 · 둥근형 · 네모난형 · 역삼각형 · 육각형

Medium Hair Cut Style _ 47

전체를 불규칙하고 가늘어지는 질감으로 층지게 커트하여 자연스런 움직임을 만들어 준다.
헤어왁스로 터치하여 자유로운 흐름으로 스타일링한다.

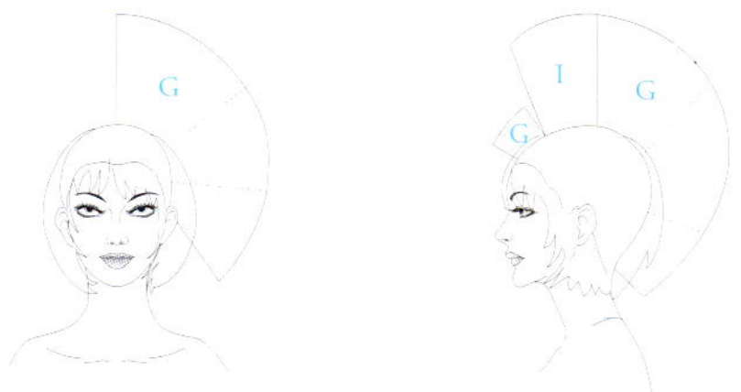

Face Type

계란형　긴계란형
역삼각형

Medium Hair Cut Style _ 48

긴얼굴형에 연출하면 얼굴 길이를 줄여주고 둥그런 인상을 만들어준다. 양쪽 관자놀이에서 볼륨을 주는 흐름으로 좁은 얼굴을 넓게 보이게 하는 시각효과를 준다.
층지게 커트하여 부드러운 형태를 만든 후 끝부분이 탄력있는 롤스트레이트펌을 한다.

Face Type

계란형　긴계란형
역삼각형

Medium Hair Cut Style _ 49

깨끗하고 단정한 느낌을 주면서 청순한 여성미를 나타내는 스타일이다.
가볍고 부드러운 층을 만든 후 롤스트레이트펌을 해준다.
헤어광택제를 바르고 매끄럽게 스타일링한다.

Face Type

직사각형 · 계란형 · 긴계란형
네모난형 · 역삼각형 · 육각형

Medium Hair Cut Style _ 50

한국인의 얼굴형에 대체로 잘 어울리는 스타일로 세련되고 단정한 아름다움을 주는 스타일이다.
직모나 곱슬기가 심하지 않는 모질에 적합하며 세밀하게 층지는 커트를 하고 롤스트레이트펌을 하여 손질하기 편한 스타일을 만든다.

Face Type

직사각형 · 계란형 · 긴계란형 · 둥근형
네모난형 · 역삼각형 · 육각형 · 삼각형

Medium Hair Cut Style _ 51

신선하면서 세련된 매력을 주는 층단발이다.
사선과 수평의 형태라인으로 세밀하게 그래쥬에이션 커트를 한다. 롤스트레이트펌을 해주어 부드러운 안말음 스타일을 만들어준다.

Face Type

직사각형 계란형 긴계란형

네모난형 역삼각형 육각형

Medium Hair Cut Style _ 52

커 보이는 얼굴형에 잘 어울리는 스타일로 갸름해 보이는 착시현상을 준다.
끝부분을 가벼운 질감으로 층지게 커트한 후 롤스트레이트펌을 해준다. 헤어광택제를 도포하고 자연스럽고 움직임있게 스타일링 한다.

Face Type

직사각형 계란형 긴계란형

네모난형 역삼각형 육각형

Medium Hair Cut Style _ 53

슬라이싱 커트기법으로 대담하게 가늘어지고 가벼운 질감으로 커트하여 풍성하고 자연스런 움직임을 연출한다.
헤어 왁스나 무스를 도포하고 풍성한 볼륨으로 불규칙한 움직임으로 스타일링한다.

Face Type

직사각형 계란형 긴계란형 둥근형
네모난형 역삼각형 육각형 삼각형

Medium Hair Cut Style _ 54

깨끗하고 단정한 매력을 주는 스타일로 층을 줄때 세밀하게 커트 하여 부드러운 흐름을 만들고 자연스런 롤스트레이트펌을 한다.
헤어 광택제로 매끄럽고 윤기 있는 질감으로 스타일링한다.

Face Type

직사각형 계란형 긴계란형 둥근형
네모난형 역삼각형 육각형 삼각형

Medium Hair Cut Style _ 55

끝부분을 가볍게 커트하여 자연스런 흐름을 만들고 탄력있는 롤스트레이트펌을 한다.
헤어 광택제를 바르고 자연스런 흐름으로 마두리한다.

Face Type

직사각형 · 계란형 · 긴계란형
네모난형 · 역삼각형

Medium Hair Cut Style _ 56

스타일의 하부에서 모량을 줄여서 가볍고 가늘어지는 층을 만든다. 2 · 3 · 4호로 백 · 네이프를 와인딩하고 그 외부분은 롤스트레이트를 탄력있게 해준다.
소프트한 무스나 왁스를 바르고 촉촉하고 윤기나는 질감으로 스타일링 한다.

Face Type

직사각형 · 계란형 · 긴계란형 · 둥근형
네모난형 · 역삼각형 · 육각형 · 삼각형

Medium Hair Cut Style _ 57

얼굴을 감싸는 흐름의 텍스춰를 만든다.
얼굴을 갸름하게 보이는 착시 현상을 주며 가볍고 움직임 있게 연출하여 자연스럽고 세련된 이미지를 나타내준다.

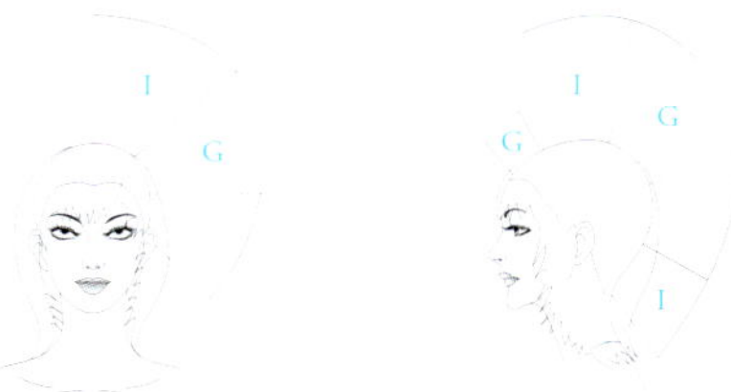

Face Type

직사각형 · 계란형 · 긴계란형 · 둥근형
네모난형 · 역삼각형 · 육각형 · 삼각형

Medium Hair Cut Style _ 58

층이 나지 않는 전통적인 원랭스폼이다.
찰랑거리는 직모에 적합하며 약간 곱슬기가 있을 때는 부드러운 스트레이트펌을 해준다. 헤어광택제로 윤기있게 스타일링 한다.

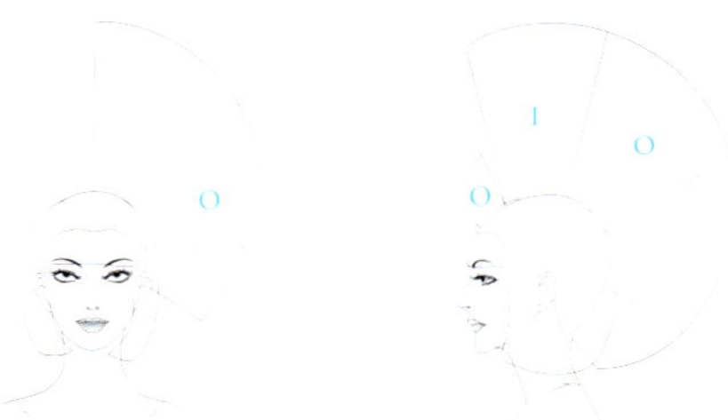

Face Type

계란형 · 긴계란형
역삼각형 · 육각형

Medium Hair Cut Style _ 59

청순하면서 자유로운 매력을 주는 손질하기 편한 스타일이다. 안말음 층을 만들고 목둘레에서는 뻗치는 흐름의 가볍고 가늘어지는 불규칙한 질감의 층을 만들고 롤스트레이트 펌을 해준다.

Face Type

직사각형 · 계란형 · 긴계란형 · 역삼각형 · 육각형

Medium Hair Cut Style _ 60

전체를 가벼운 질감으로 층지게 커트한 다음 2 · 3 · 4호로 풀린듯한 굵은 웨이브펌을 해준다.
부드러운 타입의 무스를 고르게 바르고 털어서 움직임있게 스타일링한다.

Face Type

직사각형 · 계란형 · 긴계란형 · 둥근형 · 네모난형 · 역삼각형 · 육각형 · 삼각형

Medium Hair Cut Style _ 61

단정하면서 청순한 매력을 주는 스타일이다.
둥근형태 라인으로 부드럽고 가벼운 질감으로 층지게 커트한 다음 롤스트레이트펌을 해준다.
헤어 광택제를 바르고 부드럽고 매끄럽게 스타일링한다.

Face Type

직사각형 · 계란형 · 긴계란형
네모난형 · 역삼각형

Medium Hair Cut Style _ 62

가볍고 움직임있는 층을 만든 후 2 · 3 · 4호 롯드로 1.5바퀴 와인딩하는 펌을 한다.
소프트 타입의 무스를 바르고 털어서 움직임있게 스타일링한다.

Face Type

직사각형 · 계란형 · 긴계란형
역삼각형 · 육각형

Medium Hair Cut Style _ 63

부드럽고 가벼운 층을 만들기위해 세밀하게 커트를 한 후 롤스트레이트펌을 해 준다.
건강하고 숱이 있는 모질에 적합한 스타일이다.

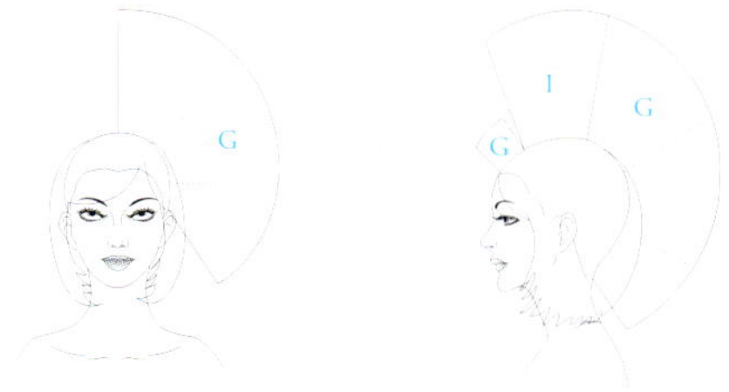

Face Type

직사각형 계란형 긴계란형 둥근형
네모난형 역삼각형 육각형 삼각형

Medium Hair Cut Style _ 64

부드럽고 섹시한 여성미를 강조한 스타일이다.
가볍고 부드러운 층을 만든 후 1 · 2 · 3 · 4호 롯드로 1.5바퀴 말아주는 펌을 한다. 소프트한 무스를 바르고 손가락으로 털어서 자유롭게 마무리한다.

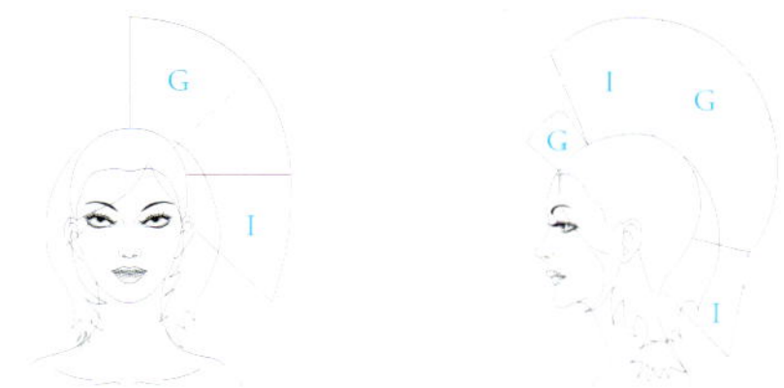

Face Type

직사각형 계란형 긴계란형 둥근형
네모난형 역삼각형 육각형 삼각형

Medium Hair Cut Style _ 65

부드러운 층단발로 커트하고 1 · 2 · 3 · 4호 롯드로 웨이브 펌을 한다.
소프트한 무스를 바르고 자연스럽게 마무리한다.

Face Type

직사각형 · 계란형 · 긴계란형 · 역삼각형 · 육각형

Medium Hair Cut Style _ 66

청순한 매력을 주는 손질하기 편한 스타일이다.
끝부분을 가늘어지고 가볍게 층지는 커트를 하고 직모인 경우는 롤스트레이트, 곱슬기가 있을때는 스트레이트펌을 해주고 헤어 광택제를 고르게 도포하여 윤기 나는 스타일링을 해준다.

Face Type

직사각형 · 계란형 · 긴계란형 · 둥근형 · 네모난형 · 역삼각형 · 육각형

Medium Hair Cut Style _ 67

어깨선 까지 닿는 길이의 층단발 스타일이다. 세밀하게 커트하여 부드러운 층을 만들고 롤스트레이트펌을 하고 곱슬기가 있을때는 부드러운 스트레이트펌을 해준다.

Face Type

직사각형 · 계란형 · 긴계란형 · 둥근형
네모난형 · 역삼각형 · 육각형 · 삼각형

Medium Hair Cut Style _ 68

목덜미에서 가늘어지고 불규칙한 커트를 하여 뻗치는 흐름을 만들어준다.
목이 굵거나 턱선이 둥그런 큰 얼굴은 피하는 것이 좋다.

Face Type

계란형 · 긴계란형
역삼각형

Medium Hair Cut Style _ 69

둥근형태 라인으로 로우그래쥬에이션기법으로 커트한다. 직모는 롤스트레이트, 곱슬기가 있을때는 스트레이트펌을 한 후 헤어 광택제로 매끄럽고 윤기나는 질감으로 스타일링한다.

Face Type

- 직사각형
- 계란형
- 긴계란형
- 네모난형
- 역삼각형
- 육각형
- 삼각형

Medium Hair Cut Style _ 70

끝부분이 가볍도록 층지게 커트하여 어깨선에 닿는 길이를 만들면 어깨선을 타고 자연스럽게 밖으로 휘어지는 흐름이 만들어지는데 손질하기 편할뿐만 아니라 부드럽고 세련된 아름다움을 준다.

Face Type

- 직사각형
- 계란형
- 긴계란형
- 둥근형
- 네모난형
- 역삼각형
- 육각형

Medium Hair Cut Style _ 71

깨끗하면서 청순한 아름다움을 주는 전통적인 층단발 스타일이다. 단순한 스타일같지만 세밀한 커트와 롤스트레이트 펌을 잘해야 하고 건강하고 숱이 있는 모발에 시술하면 안 말음이 더욱 잘된다.

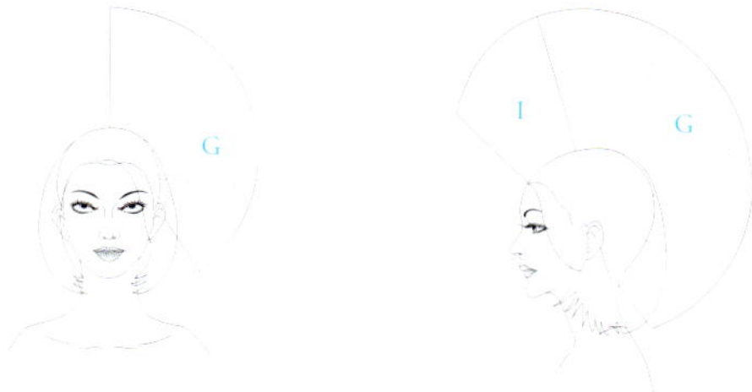

Face Type

직사각형	계란형	긴계란형	둥근형
네모난형	역삼각형	육각형	삼각형

Medium Hair Cut Style _ 72

앞머리를 무겁게 내려주고 목덜미에서는 밖으로 뻗치는 가벼운 질감으로 커트를 하고 직모는 롤스트레이트, 곱슬기가 있을 때는 스트레이트펌을 해준다.

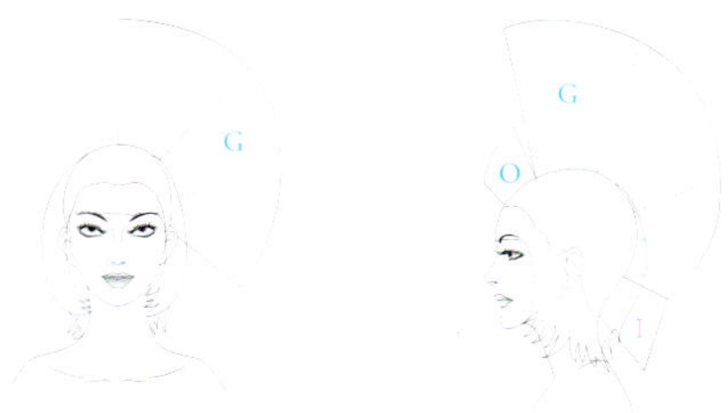

Face Type

직사각형	계란형	긴계란형	둥근형
네모난형	역삼각형	육각형	삼각형

Medium Hair Cut Style _ 73

부드럽고 상큼한 매력을 주는 스타일로 끝부분을 가늘어지고 불규칙한 질감으로 커트한 후 롤스트레이트펌을 해주면 자연스럽게 뻗치는 스타일이 만들어진다. 헤어광택제로 윤기나는 질감으로 마무리한다.

Face Type

직사각형 · 계란형 · 긴계란형 · 역삼각형

Medium Hair Cut Style _ 74

어깨선에 닿아 자연스럽게 밖으로 뻗치는 스타일이 될 수 있도록 길이를 조절하면서 불규칙하고 가벼운 층을 만든다. 뻗치는 흐름을 이용하여 스타일링하면 손질하기 편할 뿐만 아니라 자유로운 느낌의 개성미를 나타낸다.

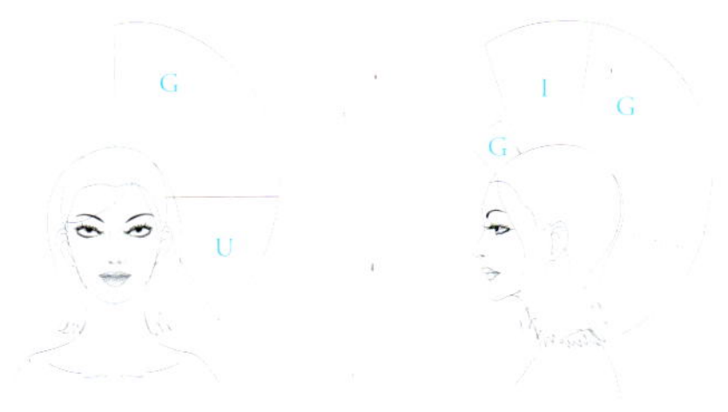

Face Type

계란형 · 긴계란형 · 역삼각형 · 육각형

Medium Hair Cut Style _ 75

어깨선 보다 5㎝정도 내려오는 길이로 층단발을 만들고 2 · 3 · 4호로 와인딩하여 움직임 있는 굵은 웨이브펌을 해준다. 소프트한 무스를 바르고 손가락으로 움켜주고 털어주는 기법으로 스타일링하면 자연스런 컬을 즐길수 있다.

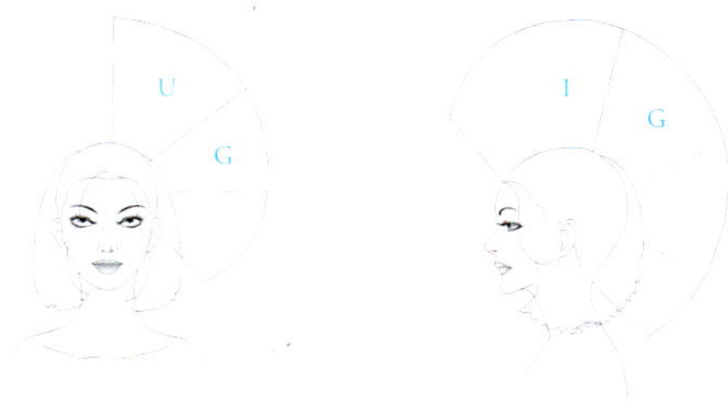

Face Type

계란형 · 긴계란형
역삼각형 · 육각형

Medium Hair Cut Style _ 76

부드럽고 청순한 매력을 주는 층단발 스타일이다.
둥근형태 라인으로 자연스럽고 부드러운 그래쥬에이션 커트를 하고 직모는 자연스런 롤스트레이트펌을, 곱슬기가 있을때는 부드러운 스트레이트펌을 해준다.

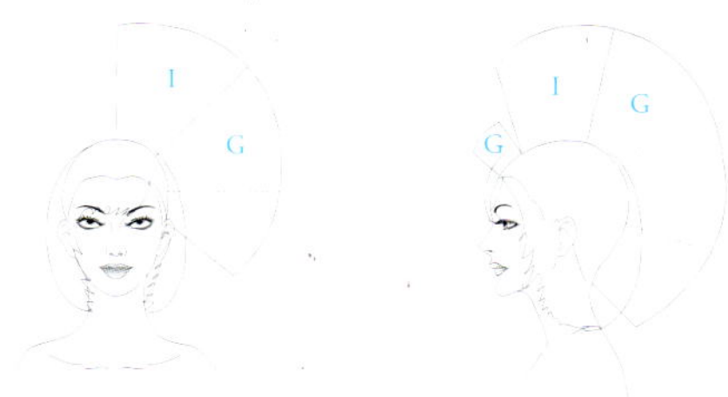

Face Type

직사각형 · 계란형 · 긴계란형 · 둥근형
네모난형 · 역삼각형 · 육각형 · 삼각형

Medium Hair Cut Style _ 77

안말음, 바깥 말음을 혼합하여 부드럽고 자연스런 스타일을 만든다.
롤스트레이트펌을 해주면 안말음 흐름이 만들어지면서 목둘레에서는 자연스럽게 밖으로 뻗치게된다.

Face Type

직사각형 · 계란형 · 긴계란형

역삼각형 · 육각형

Medium Hair Cut Style _ 78

바람머리 스타일을 만들기 위해 끝부분을 가늘어지고 불규칙한 질감으로 층지게 커트한다.
롤스트레이트펌으로 부드러운 움직임을 만들어준다.

Face Type

계란형 · 긴계란형

역삼각형 · 육각형

Medium Hair Cut Style _ 79

얼굴형을 갸름하게 하는 스타일로 어깨선을 타고 자연스럽게 바깥 방향으로 뻗칠수 있도록 층지게 커트한다.
곱슬기가 있을때는 스트레이트펌을 하고 헤어왁스로 촉촉하고 매끄러운 질감으로 스타일링한다.

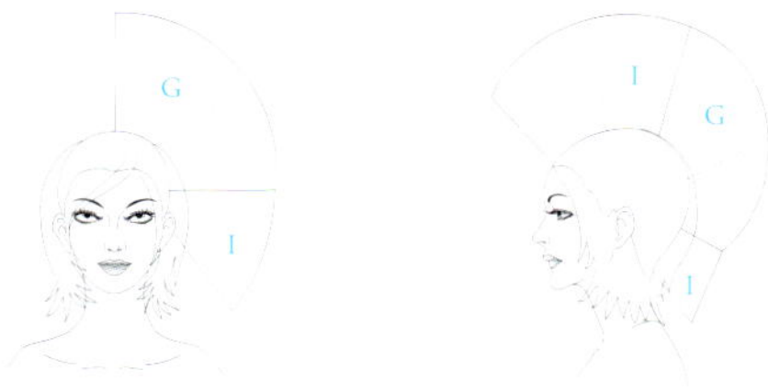

Face Type

직사각형 · 계란형 · 긴계란형

역삼각형 · 육각형

Medium Hair Cut Style _ 80

얼굴을 감싸는 흐름을 만들기 위해 가늘어지고 불규칙한 질감의 커트를 하고 곱슬기가 있을때는 스트레이트펌을 해준다. 헤어 왁스로 촉촉하고 움직임을 주면서 스타일링한다.

Face Type

직사각형 · 계란형 · 긴계란형

역삼각형 · 육각형

Medium Hair Cut Style _ 81

둥근형태 라인의 층단발 스타일이다.
세밀하고 균형감있는 층을 만들고 2 · 3 · 4호로 와인딩하여 풀린듯한 웨이브펌을 해주고 소프트한 무스를 바르고 촉촉하고 윤기있는 질감으로 스타일링한다.

Face Type

직사각형 · 계란형 · 긴계란형 · 역삼각형

Medium Hair Cut Style _ 82

풍성한 볼륨을 만들면서 목둘레에서 어깨선을 타고 뻗칠 수 있도록 곡선의 층을 만들어주고 곱슬기가 있을 때는 스트레이트펌을 해주어 자연스럽고 부드러운 여성스러움을 나타내준다.

Face Type

계란형 · 둥근형 · 역삼각형 · 육각형

Medium Hair Cut Style _ 83

두정부에 풍성한 볼륨을 주면서 가늘어지고 가벼운 층을 만든후 롤스트레이트펌을 해준다.
헤어광택제를 바르고 부드럽고 움직임있게 스타일링한다.

Face Type

직사각형 계란형 긴계란형 둥근형
네모난형 역삼각형 육각형

Medium Hair Cut Style _ 84

두정부에 볼륨을 주면서 목둘레에서 가늘어지고 불규칙한 텍스춰로 커트하고 곱슬기가 있는 모발은 스트레이트펌을 해주고 헤어왁스로 촉촉하고 매끄러운 질감을 만들어준다.

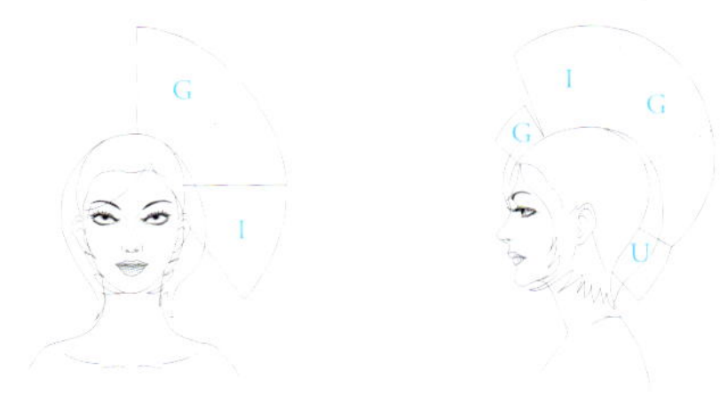

Face Type

직사각형 계란형 긴계란형
네모난형 역삼각형 육각형

Medium Hair Cut Style _ 85

자유롭고 귀여운 여성미를 느끼게 하는 스타일이다.
끝부분을 가늘어지고 가벼운 질감으로 층지게 커트한 후 2 · 3 · 4호로 굵은 웨이브펌을 해준다.
소프트한 무스를 바르고 촉촉한 질감으로 털어서 자연스럽게 마무리한다.

Face Type

계란형 · 긴계란형 · 역삼각형

Medium Hair Cut Style _ 86

대담하고 불규칙한 질감으로 커트하여 길이의 변화를 만들어준다. 곱슬머리에 연출하기 좋은 스타일이며 헤어왁스를 바르고 자유로운 느낌으로 연출해준다.

Face Type

계란형 · 긴계란형 · 역삼각형

Medium Hair Cut Style _ 87

부드럽고 청순한 매력의 여성스러움을 느끼게 하는 층단발 스타일이다. 부드럽고 자연스럽게 커트한 다음 2 · 3 · 4호로 끝부분에서 1.5바퀴 와인딩하여 펌을 해준다.
소프트한 무스를 바르고 털어주어 자연스런 움직임을 만들어준다.

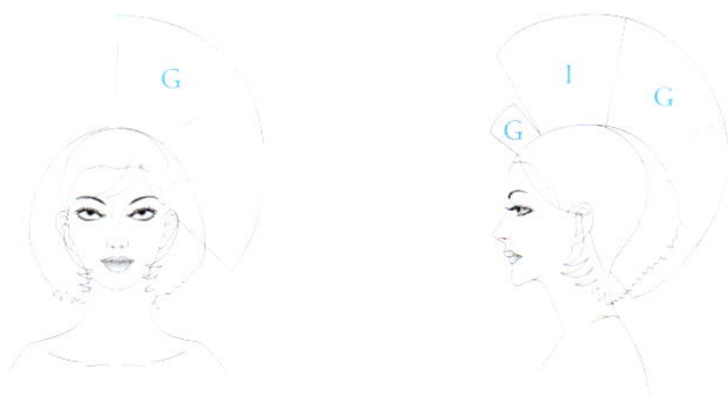

Face Type

직사각형 · 계란형 · 긴계란형 · 둥근형
네모난형 · 역삼각형 · 육각형 · 삼각형

Medium Hair Cut Style _ 83

층이 나지 않는 전통적인 짧은 단발스타일이다.
유행을 따라가지 않는 세련되고 개성의 느낌을 주는 스타일로 헤어광택제로 매끄럽게 스타일링한다.

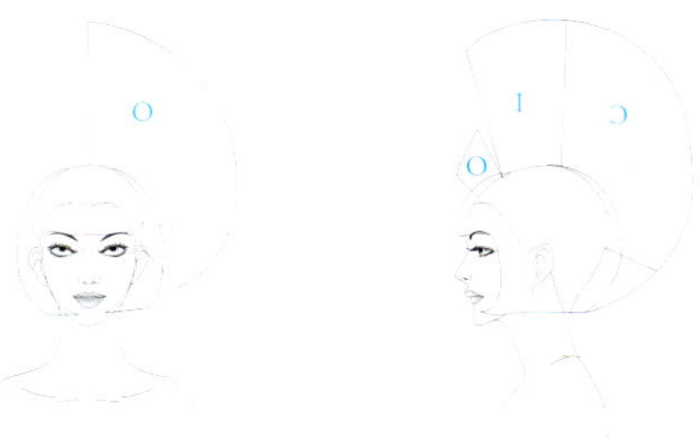

Face Type

직사각형 · 계란형 · 긴계란형
역삼각형

Medium Hair Cut Style _ 89

끝부분을 가늘어지고 불규칙하게 커트하여 길이의 변화를 주어 자연스럽게 뻗치는 효과를 만든다.
헤어왁스를 바르고 자유로운 방향을 주며 스타일링 해준다. 직모는 롤스트레이트펌을 해준다.

Face Type

계란형 긴계란형

역삼각형

Medium Hair Cut Style _ 90

앞머리는 많이 내려주고 목둘레에서 어깨선을 타고 뻗칠 수 있도록 가늘어지고 불규칙하게 커트한다.
헤어광택제로 촉촉하고 매끄럽게 스타일링하여 귀여운 여성미를 강조한다.

Face Type

계란형 긴계란형

역삼각형

Medium Hair Cut Style _ 91

바람에 흩날리는 듯 자연스럽고 귀여운 바람머리 스타일이다. 가늘어지고 가벼워지는 불규칙한 질감을 만들면서 커트한 후 헤어왁스를 바르고 손가락으로 위로 치켜올리듯이 터치하여 자유롭게 스타일링한다. 직모는 롤스트레이트펌을 해준다.

Face Type

계란형 · 긴계란형

역삼각형 · 육각형

Medium Hair Cut Style _ 92

여성스런 매력을 주는 손질하기 편한 스타일이다.
어깨선에 닿는 길이의 둥근형태 라인의 부드러운 층단발 스타일로 커트한 후 2 · 3 · 4로 롯드로 굵은 웨이브펌을 한 후 컨디셔닝무스를 바르고 털어서 손질한다.

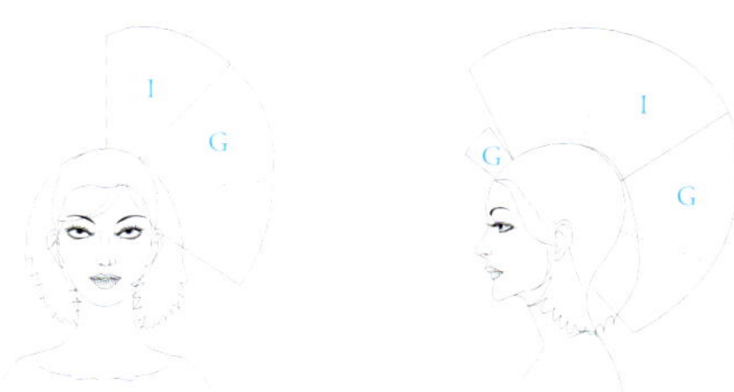

Face Type

직사각형 · 계란형 · 긴계란형 · 둥근형

네모난형 · 역삼각형 · 육각형 · 삼각형

Medium Hair Cut Style _ 93

순수하고 청순한 매력을 주는 긴길이의 층단발 스타일이다. 세밀하게 커트한 후 롤스트레이트펌을 해준다.
헤어광택제를 바르고 매끄럽고 윤기나는 질감을 만든다.

Face Type

직사각형	계란형	긴계란형	둥근형
네모난형	역삼각형	육각형	삼각형

Medium Hair Cut Style _ 94

깨끗하고 청순한 분위기를 나타내주는 스타일로 세밀하게 커트하여 부드러운 층을 만든 후 롤스트레이트펌을 하여 손질하기 편한 스타일을 만든다.

Face Type

직사각형	계란형	긴계란형	둥근형
네모난형	역삼각형	육각형	삼각형

Medium Hair Cut Style _ 95

끝부분을 깃털처럼 가볍게 커트하여 두정부에서는 풍성한 볼륨을 주고 목둘에에는 자유로운 방향으로 연출하여 귀엽고 청순한 매력을 표현해준다.

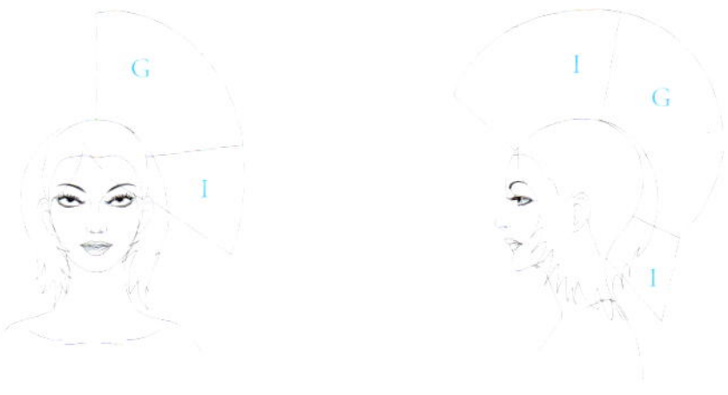

Face Type

계란형 긴계란형

역삼각형 육각형

Medium Hair Cut Style _ 96

안말음과 바깥흐름의 층을 만들어서 부드럽고 아름다운 곡선을 연출한다.
롤스트레이트펌을 해주고 헤어광택제로 매끄럽고 자연스럽게 스타일링한다.

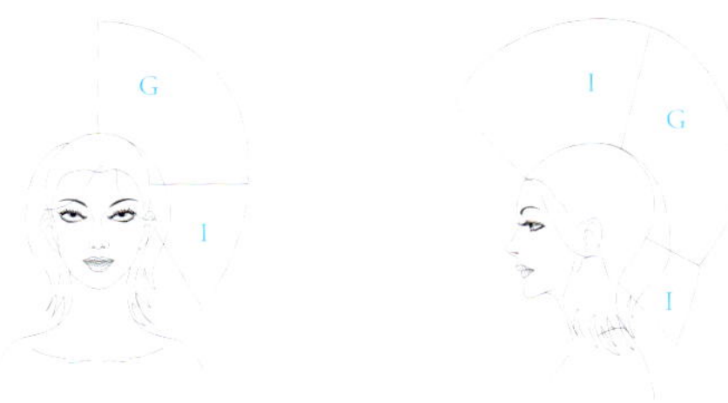

Face Type

계란형 긴계란형

역삼각형 육각형

Medium Hair Cut Style _ 97

후두부의 풍성한 볼륨과 볼선을 감싸는 흐름을 연출 하기 위해 앞방향 그래쥬에이션 기법으로 커트하고 목둘레는 가늘어지고 불규칙한 흐름을 연출한다.
롤스트레이트펌을 해주고 윤기있게 마무리하여 세련된 분위기의 여성미를 나타내준다.

Face Type

직사각형 · 계란형 · 긴계란형 · 둥근형
네모난형 · 역삼각형 · 육각형

Medium Hair Cut Style _ 98

얼굴 라인과 목선을 자연스럽고 부드러움을 나타내주는 스타일로 가볍고 움직임있게 커트한 후 롤스트레이트펌을 해주어 자연스럽고 세련된 분위기의 여성스러움을 표현한다.

Face Type

계란형 · 긴계란형
역삼각형 · 육각형

Medium Hair Cut Style _ 99

깨끗하고 단정한 아름다움을 주는 스타일이다. 세밀하게 커트하여 부드러운 흐름을 만든 후 롤스트레이트펌을 한다.
헤어광택제를 바르고 윤기있는 스타일링을 한다.

Face Type

직사각형 계란형 긴계란형
역삼각형

Medium Hair Cut Style _ 100

부드럽고 단정한 매력을 주는 둥근 형태 라인의 층단발 스타일이다. 롤스트레이트펌을 하여 안말음 흐름을 만들어준다.
건강하고 숱이 있는 모발일수록 안말음이 잘된다.

Face Type

직사각형 계란형 긴계란형 둥근형
네모난형 역삼각형 육각형 삼각형

Medium Hair Cut Style _ 101

끝부분을 가늘어지고 부드럽게 커트하여 가볍고 자연스런 움직임을 만든 후 롤스트레이트펌을 한다. 헤어광택제로 매끄럽게 손질하여 자연스런 매력을 나타낸다.

Face Type

계란형 / 긴계란형 / 역삼각형 / 육각형

Medium Hair Cut Style _ 102

가늘어지고 가볍게 커트하여 풍성한 움직임을 만든 후 헤어왁스를 바르고 자연스럽게 연출하여 순수하고 청순한 분위기의 여성미를 표현해준다.

Face Type

계란형 / 긴계란형 / 역삼각형

Medium Hair Cut Style _ 103

얼굴을 감싸는 흐름의 가늘어지고 가벼운 질감으로 커트한다. 헤어광택제를 바른 후 자연스럽게 손질하여 깨끗하고 샤프한 개성미를 표현한다.

Face Type

직사각형 계란형 긴계란형

역삼각형 육각형

Medium Hair Cut Style _ 104

끝부분의 모량을 줄이면서 불규칙하게 커트한다. 스트레이트펌을 하고 헤어 왁스를 바르고 촉촉하고 윤기있는 질감으로 털어서 연출하여 자유로운 개성미를 표현해준다.

Face Type

계란형 긴계란형

역삼각형 육각형

Medium Hair Cut Style _ 105

얼굴을 감싸는 흐름을 만들기 위해 가늘어지고 가볍게 커트한 후 롤스트레이트펌을 해준다.
헤어 광택제를 바르고 자연스럽게 연출한다.

Face Type

직사각형 · 계란형 · 긴계란형
네모난형 · 역삼각형 · 육각형 · 삼각형

Medium Hair Cut Style _ 106

가늘어지고 가볍게 커트하여 자연스럽고 움직임 있는 흐름을 만든 후 2 · 3 · 4호 롯드로 굵은 웨이브펌을 한다.
헤어 왁스를 바르고 자유롭게 연출하여 귀엽고 부드러운 여성미를 나타내준다.

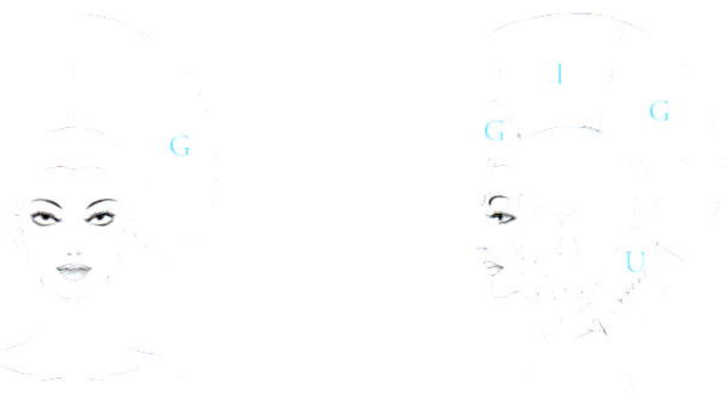

Face Type

직사각형 · 계란형 · 긴계란형
역삼각형

Medium Hair Cut Style _ 107

전체를 깃털처럼 가볍고 부드러운 형태로 층지게 커트한 후 앞머리는 롤스트레이트펌을, 그 외 부위는 2 · 3 · 4호로 풀린듯한 웨이브펌을 해준다.
무스를 바르고 앞머리는 매끄러운 질감으로 붙인 후 털어서 연출한다.

Face Type

계란형 · 긴계란형 · 역삼각형

Medium Hair Cut Style _ 108

리드미컬한 스타일 흐름을 만들기 위해 끝부분을 가늘어지고 가벼운 질감의 층진 커트를 하고 2 · 3 · 4호 롯드로 굵은 웨이브펌을 한다.
소프트한 무스를 바르고 털어서 자연스럽게 연출한다.

Face Type

계란형 · 긴계란형 · 역삼각형

Medium Hair Cut Style _ 109

청순하고 부드러운 매력을 주는 자연스런 스타일이다. 전체를 부드러운 움직임의 커트를 하고 2 · 3 · 4호 롯드로 굵고 풀린듯한 웨이브펌을 한 후 헤어광택제를 바르고 털어서 스타일링한다.

Face Type

직사각형 · 계란형 · 긴계란형

역삼각형 · 육각형

Medium Hair Cut Style _ 110

깃털처럼 가볍게 커트하여 어깨선을 타고 뻗치는 자연스런 흐름을 연출한 후 곱슬기가 있을때는 스트레이트펌을 한 후 헤어왁스로 촉촉하고 자연스런 스타일을 만든다.

Face Type

직사각형 · 계란형 · 긴계란형 · 둥근형

네모난형 · 역삼각형 · 육각형 · 삼각형

Medium Hair Cut Style _ 111

부드럽고 활동적인 매력을 주는 스타일이다. 세밀하게 커트하여 변화하는 층을 만든 후 탄력있는 롤스트레이트한 후 헤어 광택제를 바르고 윤기있게 스타일링 한다.

Face Type

직사각형 계란형 긴계란형

역삼각형

Medium Hair Cut Style _ 112

단발 형태를 유지하면서 모량을 줄여 주어 가벼운 질감을 만들고 뻗치는 흐름을 만든 후 헤어젤로 촉촉하고 윤기있는 질감을 만들고 헤어 스프레이로 고정한다.

Face Type

계란형 긴계란형

역삼각형

Medium Hair Cut Style _ 113

부드럽고 섹시한 매력을 주는 스타일이다.
단발형태를 유지하면서 끝부분을 가늘어지고 가볍게 한 후 롤스트레이트펌을 해준다.
헤어왁스를 바르고 자유로운 흐름을 연출한다.

Face Type

계란형 긴계란형
역삼각형 육각형

Medium Hair Cut Style _ 114

자연스럽고 세련된 여성스러운 매력을 주는 스타일이다.
풍성하고 자연스런 흐름을 만들기 위해 가늘어지고 가벼운 층을 만든후 롤스트레이트펌을 한 후 헤어 광택제로 윤기 있고 부드러운 질감을 만든다.

Face Type

직사각형 계란형 긴계란형 둥근형
네모난형 역삼각형 육각형 삼각형

Medium Hair Cut Style _ 115

풍성하고 부드러운 안말음 층을 만들고 목둘레에서 뻗치는 흐름의 커트를 한다. 롤스트레이트펌으로 부드럽고 손질하기 편한 스타일을 만든다.

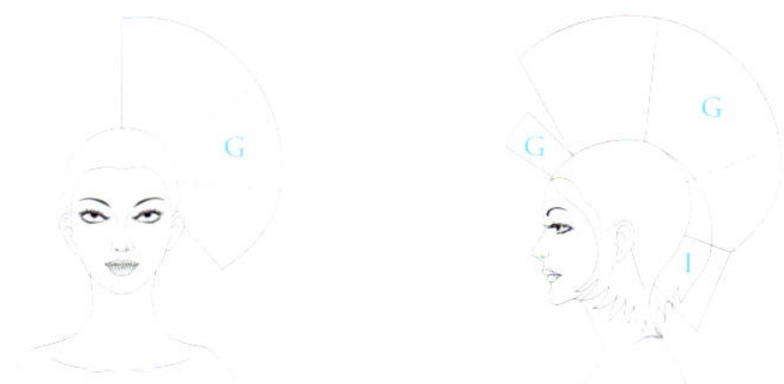

Face Type

직사각형 · 계란형 · 긴계란형 · 역삼각형 · 육각형

Medium Hair Cut Style _ 116

끝부분을 가늘어지고 가벼운 흐름의 층을 만들고 곱슬기가 있을 때는 부드러운 스트레이트펌을 한다.
헤어왁스로 움직임을 주는 흐름으로 마무리 스타일링한다.

Face Type

계란형 · 긴계란형 · 역삼각형 · 육각형

Medium Hair Cut Style _ 117

굵고 건강한 모발에 적합한 스타일로 얼굴을 부드럽게 감싸는 흐름으로 층지게 커트하고 탄력있는 롤스트레이트펌을 해준다. 헤어광택제로 윤기를 주어 스타일링한다.

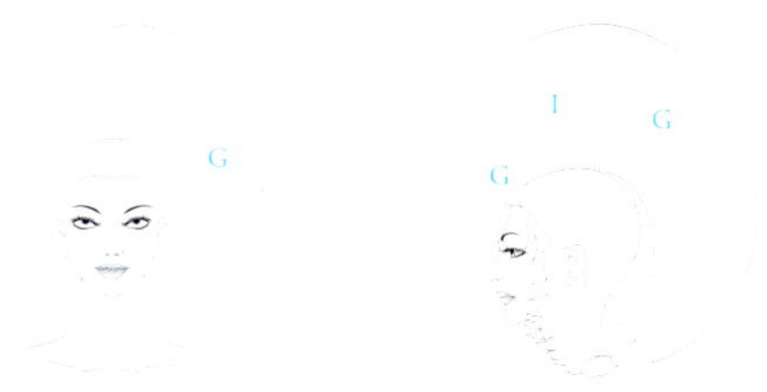

Face Type

직사각형　계란형　긴계란형

네모난형　역삼각형　육각형　삼각형

Medium Hair Cut Style _ 118

자연스런 매력의 여성미를 느끼게 하는 손질하기 편한 스타일이다. 어깨선을 타고 자연스럽게 뻗치는 흐름을 만들기 위해 끝부분을 가늘어지고 가볍게 커트한다.
곱슬기가 있을때는 스트레이트펌을 해주고 헤어광택제, 왁스로 매끄럽고 촉촉한 질감으로 스타일링한다.

Face Type

직사각형　계란형　긴계란형

역삼각형　육각형

Medium Hair Cut Style _ 119

둥그런 형태로 층지게 커트하여 부드럽고 가벼운 움직임을 만들고 롤스트레이트펌을 해준다.
윤기있고 매끄럽게 연출하여 단순하면서 세련된 분위기를 연출한다.

Face Type

직사각형	계란형	긴계란형	둥근형
네모난형	역삼각형	육각형	삼각형

Medium Hair Cut Style _ 120

활동적이면서 세련된 여성스러운 매력을 주는 둥근형태의 층단발 스타일이다. 세밀하게 커트하여 부드러운 흐름을 만들고 탄력있는 롤스트레이트펌을 해준다. 헤어광택제로 윤기있게 스타일링한다.

Face Type

직사각형	계란형	긴계란형	둥근형
네모난형	역삼각형	육각형	삼각형

Medium Hair Cut Style _ 121

세련되고 부드러운 이미지를 주는 손질하기 편한 스타일이다. 얼굴을 감싸주고 목둘레에서 뻗치는 자연스런 흐름의 커트를 한다. 롤스트레이트펌으로 자연스럽고 부드러운 질감을 만든다.

Face Type

계란형 | 긴계란형
역삼각형 | 육각형

Medium Hair Cut Style _ 122

부드럽고 자연스런 움직임을 주기 위해 가늘어지고 가벼운 흐름의 층을 만들고 2 · 3 · 4호 롯드로 풀린듯한 웨이브펌을 한다.
헤어왁스로 터치하여 자유로운 스타일을 만든다.

Face Type

계란형 | 긴계란형
역삼각형 | 육각형

Medium Hair Cut Style _ 123

자연스럽고 풍성한 볼륨을 만들기 위해 부드럽고 가벼운 흐름의 층을 만들고 롤스트레이트펌을 하여 손질하기 편하고 자연스런 매력의 여성미를 나타낸다.

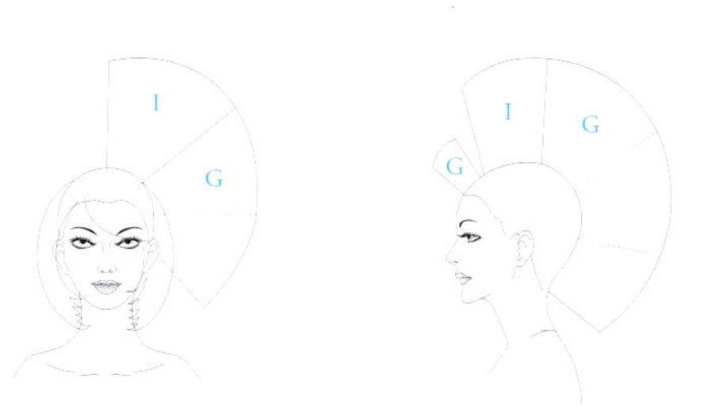

Face Type

직사각형 계란형 긴계란형 둥근형
네모난형 역삼각형 육각형 삼각형

Medium Hair Cut Style _ 124

단순하면서 소녀같은 젊은 매력을 주는 스타일이다.
층이 많이 나지 않는 범위에서 자연스럽고 부드러운 층을 만든다. 곱슬기가 있을 때는 스트레이트펌을, 직모는 롤스트레이트펌을 해주고 매끄러운 질감으로 스타일링한다.

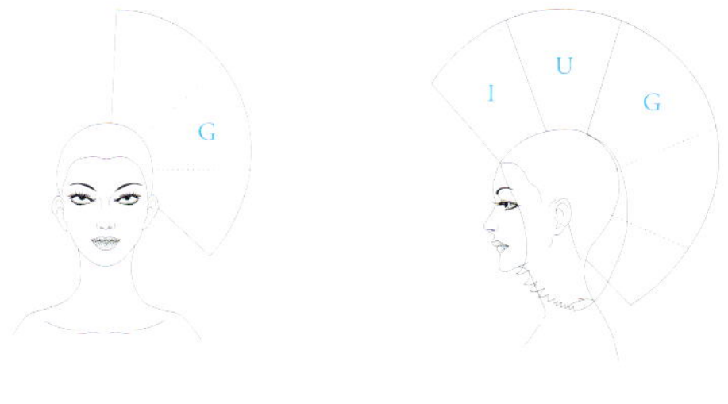

Face Type

직사각형 계란형 긴계란형 둥근형
네모난형 역삼각형 육각형 삼각형

Medium Hair Cut Style _ 125

안정되게 안말음 운동이 일어나는 전통적인 층단발이다. 단순해 보이지만 세밀하게 앞방향 그래쥬에이션기법으로 세밀하게 커트하고 롤스트레이트펌을 잘해야 손질이 편해진다. 헤어광택제로 윤기있게 스타일링한다.

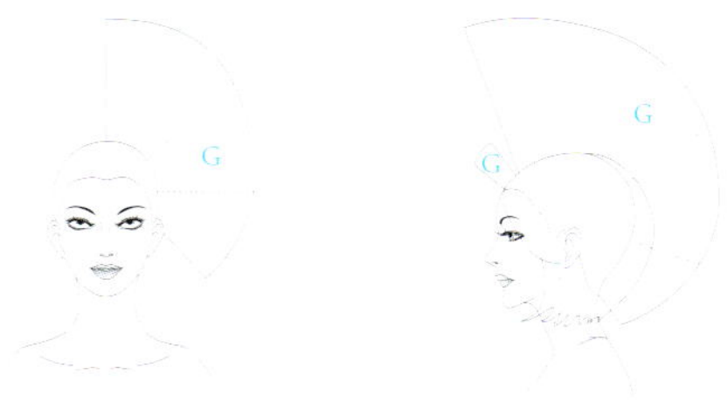

Face Type

직사각형 계란형 긴계란형 둥근형

네모난형 역삼각형 삼각형

Medium Hair Cut Style _ 126

얼굴쪽으로 약간 길어지는 사선라인으로 원랭스폼커트를 한다. 바람머리와 대비되는 깨끗함과 무거움을 주는 스타일로 심플하고 개성을 주는 스타일이다.
곱슬기가 있을 때는 스트레이트펌을 해준다.

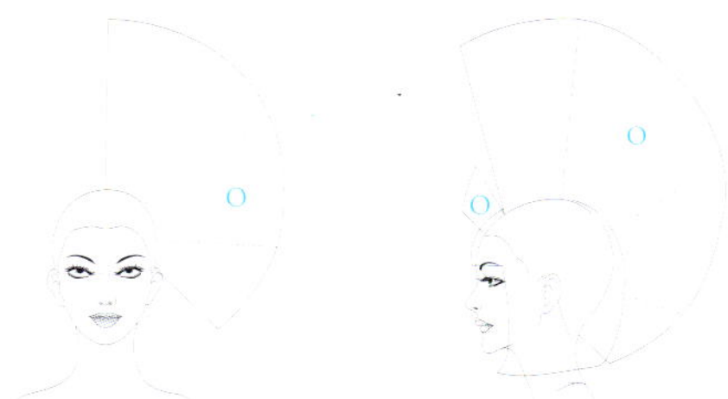

Face Type

계란형 긴계란형

역삼각형 육각형

Medium Hair Cut Style _ 127

자연스럽고 부드러운 흐름의 둥근 형태의 층단발로 커트하고 2 · 3 · 4호로 굵은 웨이브펌을 해준다.
부드러운 스타일 무슨를 바르고 털어서 자연스럽게 손질한다.

Face Type

직사각형 · 계란형 · 긴계란형 · 둥근형
네모난형 · 역삼각형 · 육각형 · 삼각형

Medium Hair Cut Style _ 128

깨끗하고 청순한 아름다움을 주는 전통적인 층단발 스타일이다. 둥근라인으로 세밀하게 층진 커트를 하고 롤스트레이트펌으로 안말음 흐름을 만든다.

Face Type

직사각형 · 계란형 · 긴계란형 · 둥근형
네모난형 · 역삼각형 · 육각형 · 삼각형

Medium Hair Cut Style _ 129

끝부분을 가늘어지고 가벼운 질감으로 층지게 커트하고 2 · 3 · 4호 롯드로 끝부분에서 1.5바퀴 말아서 부드러운 움직임의 웨이브펌을 해준다. 헤어 왁스나 스타일링 무스로 촉촉하고 윤기있게 스타일링한다.

Face Type

계란형 · 긴계란형

네모난형 · 역삼각형 · 육각형 · 삼각형

Medium Hair Cut Style _ 130

둥근형태의 층단발 스타일로 부드러운 흐름으로 층지게 커트하고 2 · 3 · 4호 롯드로 1.5바퀴 와인딩하여 풍성하고 부드러운 스타일을 만들어준다.

Face Type

계란형 · 긴계란형

역삼각형 · 육각형

Medium Hair Cut Style _ 131

둥근형태로 부드럽고 자연스러운 층단발로 커트하고 2 · 3 · 4호 베이직 와인딩하여 굵은 웨이브펌을 해준다. 스타일링무스로 부드럽게 촉촉한 질감으로 마무리한다.

Face Type

직사각형 · 계란형 · 긴계란형 · 역삼각형 · 육각형

Medium Hair Cut Style _ 132

부드럽고 섹시한 컬의 움직임을 주는 스타일이다. 끝부분을 가늘어지고 가벼운 질감으로 층지게 커트하고 2 · 3 · 4호 롯드로 베이직 와인딩하여 굵고 부드러운 웨이브 흐름을 만들고 스크런칭 기법으로 스타일링한다.

Face Type

계란형 · 긴계란형 · 역삼각형 · 육각형

Medium Hair Cut Style _ 133

둥근형태의 부드러운 층단발로 커트하고 2 · 3 · 4호로 끝부분에서 1.5바퀴 와인딩하여 풍성한 볼륨의 웨이브를 만들고 스크런칭 드라이 기법으로 스타일링한다.

Face Type

직사각형 · 계란형 · 긴계란형 · 둥근형 · 네모난형 · 역삼각형 · 육각형 · 삼각형

Medium Hair Cut Style _ 134

귀엽고 여성스러움을 표현한 스타일이다.
끝부분을 가늘어지고 가벼운 질감을 만들고 탄력있는 롤스트레이트펌으로 움직임을 만든다. 헤어왁스로 터치하여 부드럽고 자유로운 흐름을 연출한다.

Face Type

직사각형 · 계란형 · 긴계란형 · 역삼각형

Medium Hair Cut Style _ 135

부드럽고 세밀한 층으로 안말음 흐름을 만들고 목둘레에서 스라이싱기법으로 급격하게 길어지고 가늘어지는 부드러운 흐름을 연출한다.
롤스트레이트펌을 하고 헤어왁스로 터치하여 자연스러운 스타일을 만든다.

Face Type

직사각형 계란형 긴계란형
역삼각형 육각형

Medium Hair Cut Style _ 136

지적이고 세련된 느낌을 주는 앞방향 그래쥬에이션 스타일이다. 부드러운 층을 만들고 롤스트레이트펌을 한다.
헤어광택제로 매끄럽고 윤기있게 스타일링한다.

Face Type

직사각형 계란형 긴계란형 둥근형
네모난형 역삼각형 삼각형

Medium Hair Cut Style _ 137

깨끗하고 청순한 매력을 주는 스타일이다.
둥근형태의 층진 단발 스타일이다. 탄력있는 롤스트레이트 펌을 하여 안말음 흐름을 만들고 손질하기 편한 스타일을 만든다.

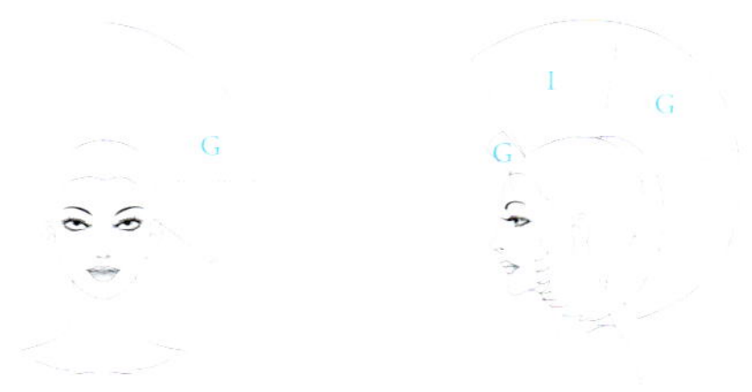

Face Type

직사각형 계란형 긴계란형 둥근형
네모난형 역삼각형 육각형 삼각형

Medium Hair Cut Style _ 138

지적이고 단정한 매력을 주는 둥근 라인의 전통적인 층단발이다. 롤스트레이트펌으로 손질하기 쉬운 안말음 흐름을 만들고 헤어광택제로 매끄럽고 차분한 질감을 연출한다.

Face Type

직사각형 계란형 긴계란형 둥근형
네모난형 역삼각형 삼각형

Medium Hair Cut Style _ 139

어깨선에 닿는 길이의 둥근 형태의 부드러운 층을 만든다.
탄력있는 롤스트레이트펌으로 손질하기 편한 안말은 흐름을 만들고 윤기있게 스타일링한다.
굵고 숱이 있으며 건강한 모발에 적합한 스타일이다.

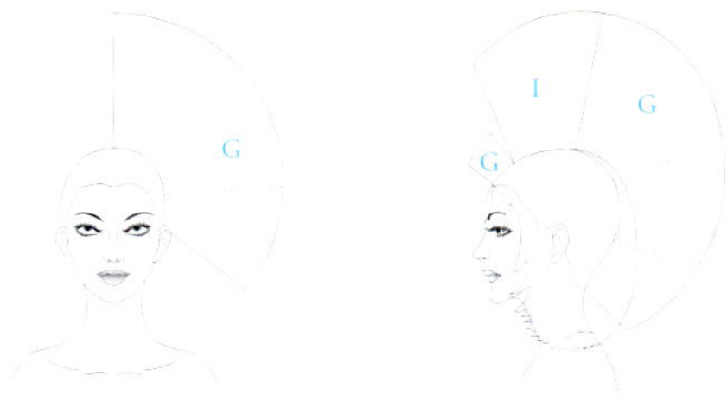

Face Type

Medium Hair Cut Style _ 140

끝부분을 가늘어지고 가벼운 움직임을 만든 후 2 · 3 · 4호 롯드로 베이직 와인딩하여 부드러운 웨이브펌을 한다.
스크린칭 드라이기법으로 자연스럽고 여성스러운 스타일을 만든다.

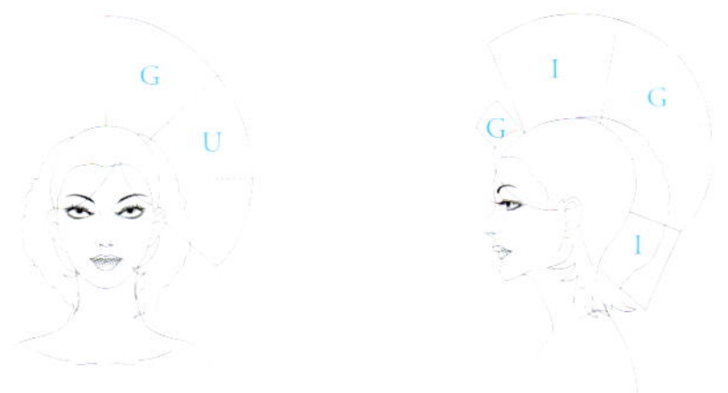

Face Type

Medium Hair Cut Style _ 141

활동적이면서 청순한 매력을 주는 둥근 형태 라인의 층 단발 스타일이다. 끝부분을 가늘어지고 가벼운 느낌으로 층지게 커트한 후 롤스트레이트펌을 한다.
헤어광택제를 바르고 윤기있게 스타일링한다.

Face Type

직사각형 계란형 긴계란형

네모난형 역삼각형 육각형

Medium Hair Cut Style _ 142

후두부에서 볼륨을 주면서 목둘레에서 대담하게 불규칙하고 가늘어지는 느낌을 연출하고 롤스트레이트펌을 하여 자연스럽고 부드러운 이미지를 나타내준다.

Face Type

직사각형 계란형 긴계란형

역삼각형 육각형

Medium Hair Cut Style _ 143

깃털처럼 가벼운 질감으로 층지게 커트한 후 2·3·4호로 롯드로 베이직 와인딩하여 굵은 웨이브펌을 해준다.
앞머리를 헤어드라이기와 브러쉬로 형을 잡아주고 헤어광택제를 바르고 움직임있게 스타일링한다.

Face Type

계란형 · 긴계란형 · 둥근형 · 역삼각형 · 육각형

Medium Hair Cut Style _ 144

전체를 가벼운 질감으로 층지게 커트한 후 2·3·4호 롯드로 굵고 움직임 있는 웨이브를 만들고 스크런칭 드라이 기법으로 스타일링한다.

Face Type

직사각형 · 계란형 · 긴계란형 · 역삼각형 · 육각형

Medium Hair Cut Style _ 145

청순하고 세련된 여성스러움을 주는 스타일이다.
부드러운 움직임을 주는 층단발 스타일로 커트를 한 후 탄력있는 롤스트레이트 펌을 해준다.
스타일링 무스로 촉촉하고 윤기있게 스타일링한다.

Face Type

직사각형 · 계란형 · 긴계란형
네모난형 · 역삼각형 · 육각형 · 삼각형

Medium Hair Cut Style _ 146

끝부분을 가벼운 흐름을 만들어서 단순하고 깨끗한 매력의 헤어스타일을 만든다.
곱슬기가 있을때는 스트레이트펌을 해주고 헤어광택제로 윤기있게 스타일링한다.

Face Type

직사각형 · 계란형 · 긴계란형
역삼각형 · 육각형

Medium Hair Cut Style _ 147

끝부분에 층을 조금 주어 무거운 느낌의 둥근라인으로 커트한다. 바람머리와 대비되는 스타일로 단정하고 깨끗한 여성미를 나타내준다.

Face Type

계란형 · 긴계란형 · 둥근형

Medium Hair Cut Style _ 148

세밀하고 정교한 커트기법으로 가볍고 부드러운 층을 만든 후 직모는 롤스트레이트펌을, 곱슬기가 있을때는 부드러운 스트레이트 펌을 해준다.
헤어광택제로 윤기있게 스타일링한다.

Face Type

직사각형 · 계란형 · 긴계란형

네모난형 · 역삼각형 · 육각형 · 삼각형

Medium Hair Cut Style _ 149

목둘레 라인을 원랭스폼으로, 얼굴라인은 무거우면서 층지게 커트한다.
롤스트레이트펌으로 안말음 흐름을 만든 후 헤어광택제로 윤기있게 스타일링한다.

Face Type

직사각형 계란형 긴계란형 둥근형
네모난형 역삼각형 육각형 삼각형

Medium Hair Cut Style _ 150

부드러우면서 단정한 이미지의 둥근형태의 전통적 층단발 스타일이다. 롤스트레이트펌으로 손질하기 쉬운 안말은 흐름을 만들어준다.
헤어광택제를 바르고 윤기있게 스타일링한다.

Face Type

직사각형 계란형 긴계란형 둥근형
네모난형 역삼각형 육각형 삼각형

Medium Hair Cut Style _ 151

깨끗하고 단순한 아름다움을 주는 둥근 라인의 전통적 층 단발이다.
롤스트레이트펌을 하여 안말음 흐름을 만들어 주고 헤어광택제를 도포하여 매끄러운 질감으로 마무리한다.

Face Type

계란형 · 긴계란형 · 역삼각형

Medium Hair Cut Style _ 152

깃털처럼 가늘어지고 가벼운 흐름으로 두정부에 풍성한 볼륨을 만들고 얼굴을 감싸는 흐름을 만든다.
2·3·4호로 자연스런 웨이브를 만들고 윤기나는 질감으로 마무리 스타일링한다.

Face Type

직사각형 · 계란형 · 긴계란형 · 역삼각형 · 육각형

Medium Hair Cut Style _ 153

전체를 깃털처럼 가벼운 질감으로 둥근형태의 층단발 커트를 하고 2 · 3 · 4 · 5호 롯드로 굵은 웨이브펌을 한다. 스크런칭 드라이기법으로 자연스런 스타일을 만든다.

Face Type

계란형 · 긴계란형
역삼각형 · 육각형

Medium Hair Cut Style _ 154

앞머리를 자연스럽게 내려주고 둥근형태의 부드러운 층단발을 세밀하게 커트하여 만들고 2 · 3 · 4호 롯드로 베이직 와인딩하여 스크런칭 드라이기법으로 부드럽고 움직임있는 스타일을 만든다.

Face Type

직사각형 · 계란형 · 긴계란형
역삼각형 · 육각형 · 삼각형

Woman
Long Hair Cut Style

Long Hair Cut Style _ 01

스트레이트 매력을 살린 깃털처럼 가벼운 느낌의 헤어 스타일로 자유롭고 개성적인 여성미를 나타낸다.

Face Type

계란형 · 긴계란형 · 네모난형 · 육각형

Long Cut Hair Style _ 02

자연스럽고 굵은 컬의 움직임이 로멘틱하고 섹시한 여성미를 느끼게 하는 스타일이다.
2 · 3 · 4호로 끝부분에서 2바퀴 와인딩하여 웨이브펌을 하고 헤어 광택제나 부드러운 무스를 바르고 털어서 움직임을 만든다.

Face Type

직사각형 · 계란형 · 긴계란형 · 역삼각형

Long Hair Cut Style _ 03

슬라이딩 커트 기법으로 가늘어지고 가벼운 층을 만들고 2 · 3호로 굵은 펌을 하여 자연스럽고 섹시한 여성미를 표현한다.

Face Type

직사각형 · 계란형 · 긴계란형

네모난형 · 역삼각형 · 육각형

Long Hair Cut Style _ 04

여성스러운 분위기를 이끌어내는 가볍고 움직임 있는 스타일이다.
네이프 2호, 백 · 크라운 · 사이드는 3호로 1.5바퀴 베이직 와인딩 하여 펌을 하고 헤어왁스로 자연스런 움직임을 나타낸다.

Face Type

직사각형 · 계란형 · 긴계란형 · 둥근형

네모난형 · 역삼각형 · 육각형 · 삼각형

Long Hair Cut Style _ 05

곡선의 형태를 가볍고 부드러운 층을 만들어 청순하고 섹시한 아름다움을 표현한다.
롤스트레이트 펌으로 자연스럽고 부드러운 움직임을 만든다.

Face Type

직사각형 계란형 긴계란형

네모난형 역삼각형 육각형

Long Hair Cut Style _ 06

전통적인 이미지의 스타일로 깨끗하고 단정한 분위기의 여성미를 느끼게 하는 스타일이다.

Face Type

계란형 긴계란형

역삼각형

Long Hair Cut Style _ 07

부드럽고 자연스런 웨이브가 여성스러움을 느끼게 하는 스타일이다.
3 · 4호로 굵은 웨이브펌을 해준다.

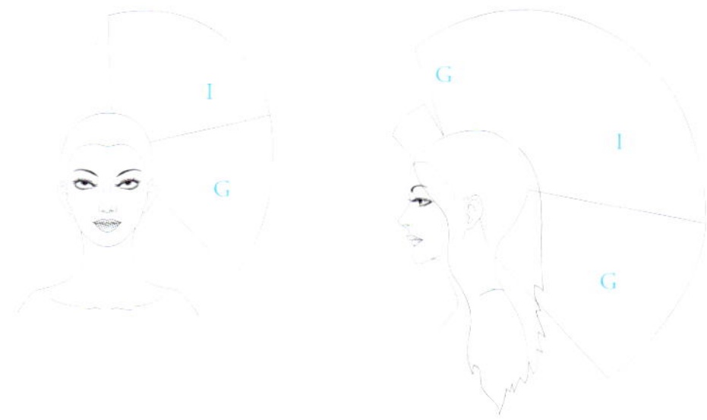

Face Type

직사각형 계란형 긴계란형

역삼각형 육각형

Long Hair Cut Style _ 08

층이 나지 않는 원랭스품의 롱 헤어로 층이 나는 스타일과 대비 되어 깨끗하고 개성있는 이미지를 나타낸다.

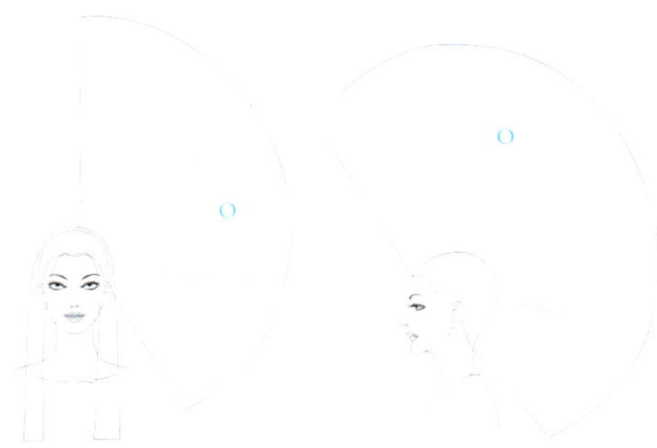

Face Type

계란형 긴계란형 둥근형

역삼각형 육각형

Long Hair Cut Style _ 09

어깨선을 타고 뻗치는 흐름과 볼을 감싸듯 흐르는 안말음이 부드러운 여성미를 표출한다.
직모는 롤스트레이트, 곱슬기가 있을 때는 스트레이트 펌을 한다.

Face Type

직사각형 계란형 긴계란형

역삼각형 육각형

Long Hair Cut Style _ 10

부드러운 여성미를 나타내주며 손질하기 편한 스타일이다.
목둘레에서 곡선의 형태로 층지게 커트하여 롤스트레이트 펌을 탄력있게 해준다.

Face Type

직사각형 계란형 긴계란형

역삼각형

Long Hair Cut Style _ 11

부드럽고 청순한 이미지의 스타일이다.
섬세한 커트기법으로 깃털처럼 가벼운 모발 흐름을 만들어 부드럽고 자연스러운 롱 헤어스타일을 만든다.

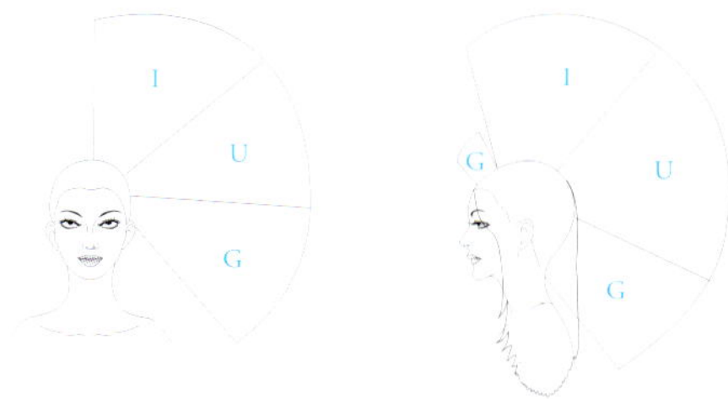

Face Type

직사각형 · 계란형 · 긴계란형 · 둥근형
네모난형 · 역삼각형 · 육각형 · 삼각형

Long Hair Cut Style _ 12

소프트한 웨이브로 귀엽고 차별화된 개성을 표출한 스타일이다.
끝부분을 가볍게 하면서 층지게 커트한 다음 3 · 4호 롯드로 풀린듯한 부드러운 웨이브펌을 한다.
소프트한 무스를 바르고 스크런칭 기법으로 자연스럽고 움직임있게 스타일링한다.

Face Type

직사각형 · 계란형 · 긴계란형 · 둥근형
네모난형 · 역삼각형 · 육각형 · 삼각형

Long Hair Cut Style _ 13

전체를 층지게 커트한 다음 8 · 9호 롯드로 트위스트 스파이럴 와인딩을 하여 탄력 있는 웨이브펌을 하고 스크런칭 드라이기법으로 스타일링한다.

Face Type

계란형 · 긴계란형 · 역삼각형

Long Hair Cut Style _ 14

자연스럽고 여성스런 매력을 주는 손질 하기 편한 스타일이다. 앞머리는 2호, 그 외 부분은 2 · 3호 롯드로 2바퀴 와인딩하여 웨이브펌을 해준다.

헤어 광택제를 바르고 털어서 손질하거나 스크런칭 드라이기법으로 스타일링 하면 자연스럽고 풍성한 볼륨을 얻을수 있다.

Face Type

직사각형 · 계란형 · 긴계란형 · 역삼각형 · 육각형

Long Hair Cut Style _ 15

둥근 형태 라인으로 부드럽게 층진커트를 한다음 2 · 3 · 4 호 롯드로 베이직 와인딩하여 웨이브펌을 한다.
헤어 광택제나 소프트한 무스를 바르고 털어서 움직임 있게 스타일링한다.

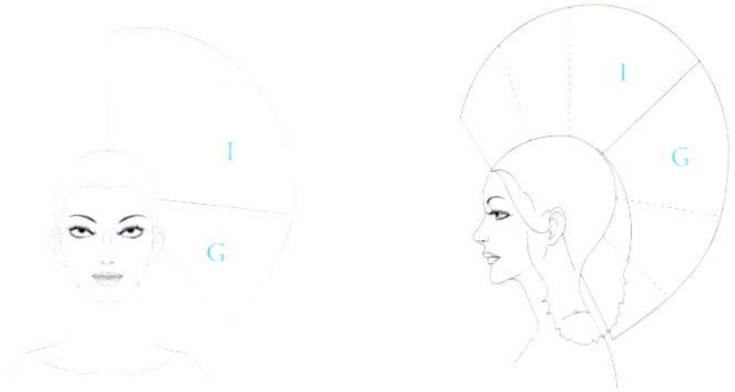

Face Type

계란형 · 긴계란형

역삼각형 · 육각형 · 삼각형

Long Hair Cut Style _ 16

V의 형태 라인의 가늘어지고 가볍게 층진 커트를 한 다음 2 · 3호 롯드로 풀린듯한 웨이브펌을 해준다.
굵고 건강한 모발에 적합한 스타일이다.

Face Type

직사각형 · 계란형 · 긴계란형

네모난형 · 역삼각형 · 삼각형

Long Hair Cut Style _ 17

앞머리를 무겁게 내려주고 가볍고 곡선 흐름의 층으로 사선의 형태라인을 만든다.
롤스트레이트펌을 해주고 헤어광택제를 도포하여 매끄러운 질감으로 마무리 해준다.

Face Type

직사각형	계란형	긴계란형	둥근형
네모난형	역삼각형	육각형	삼각형

Long Hair Cut Style _ 18

전체를 가볍고 자연스럽게 층을 주고 3호 롯드는 스파이럴와인딩, 9호 롯드는 트위스트 스파이럴와인딩을 부분 부분 섞어서 개성있는 웨이브펌을 한다.
부드러운 무스를 바르고 스크린칭 드라이기법으로 스타일링한다.

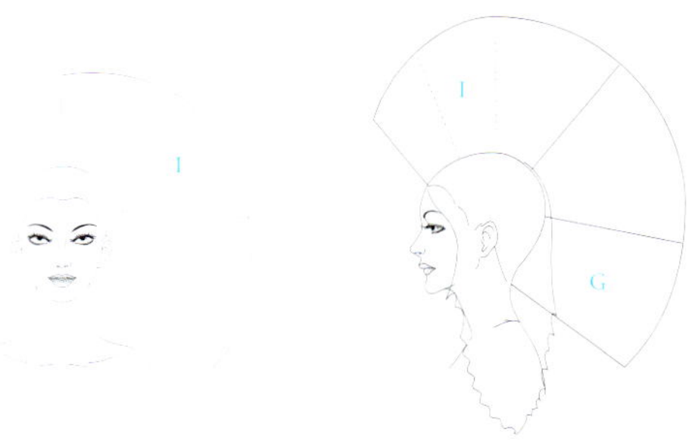

Face Type

계란형	긴계란형
역삼각형	

Long Hair Cut Style _ 19

끝부분을 가늘어지고 불규칙한 텍스춰를 만들면서 층지게 커트한 후 1·2·3호로 풀린듯한 웨이브펌을 해준다.
굵고 건강한 모발에 적합하며 반곱슬이라면 파장을 이용하여 커트하면 좋은 스타일을 만들 수 있다.
헤어 왁스로 촉촉한 질감을 만들면서 자유로운 흐름으로 스타일링한다.

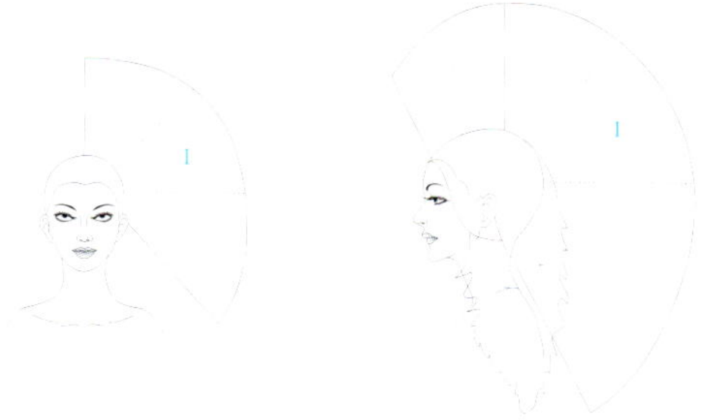

Face Type

계란형 긴계란형
역삼각형

Long Hair Cut Style _ 20

굵고 건강한 모발에 적합한 스타일로 끝부분만 가볍게 층진 커트를 한 후 2·3호 롯드로 1.5바퀴 말아주는 펌을 한 후 헤어 광택제로 부드럽고 매끄러운 스타일을 한다.

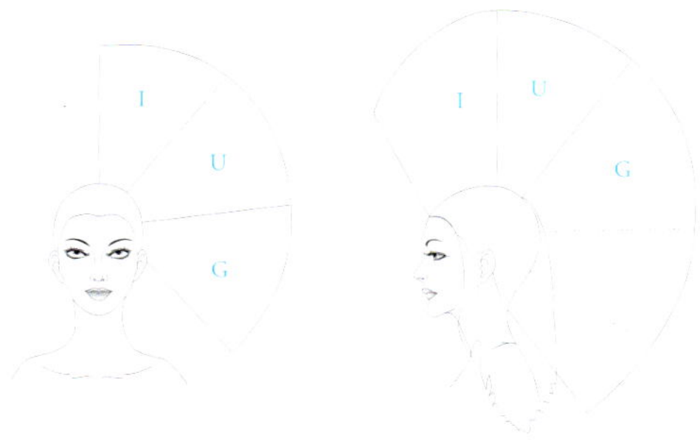

Face Type

직사각형 계란형 긴계란형 둥근형
네모난형 역삼각형 육각형 삼각형

Long Hair Cut Style _ 21

단순하고 개성의 매력을 주는 스타일이다.
긴 길이의 원랭스폼으로 커트한다.
곱슬기가 있을 때는 스트레이트펌을 하고 찰랑찰랑한 머릿결이 될 수 있도록 모발관리가 포인트이다.

Face Type

계란형 긴계란형 둥근형
역삼각형 육각형

Long Hair Cut Style _ 22

깃털처럼 가벼운 질감의 인크리스레이어 커트를 한후 2 · 3호 롯드로 풀린듯한 웨이브를 한 후 부드러운 무스를 바르고 스크런칭 드라이기법으로 스타일링하여 자연스런 움직임을 만든다.

Face Type

직사각형 계란형 긴계란형
역삼각형 육각형

Long Hair Cut Style _ 23

인크리스레이어기법으로 커트를 한 후 앞머리는 2호 그 외 부분은 2 · 3호 롯드로 스파이럴 와인딩하여 자연스런 굵은 웨이브펌을 한다.
부드러운 무스를 바르고 스크린칭 드라이기법으로 자연스런 스타일을 연출한다.

Face Type

직사각형 계란형 긴계란형

역삼각형 육각형

Long Hair Cut Style _ 24

끝부분을 가늘어지고 가벼운 질감으로 층지게 커트하여 자유롭고 부드러운 움직임을 만든다.
헤어왁스로 터치하여 스타일링한다.

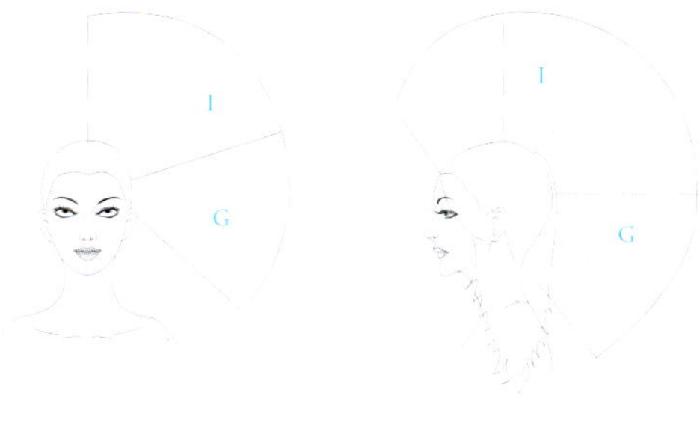

Face Type

직사각형 계란형 긴계란형

역삼각형 육각형

Long Hair Cut Style _ 25

찰랑찰랑하고 차분한 스타일이기 때문에 층이 많이 나지 않게 주의하면서 끝부분을 가볍게 하기 위해 세밀하게 커트를 한다.
곱슬기가 있을 때는 스트레이트펌을 하고 헤어광택제로 매끄럽고 윤기있게 스타일링한다.

Face Type

직사각형 계란형 긴계란형 둥근형
네모난형 역삼각형 육각형

Long Hair Cut Style _ 26

지성과 섹시함이 믹스된 움직임 있고 부드러운 스타일이다.
가벼운 질감으로 커트하고 탄력있는 롤스트레이트펌을 한다. 헤어광택제로 윤기있게 스타일링한다.

Face Type

직사각형 계란형 긴계란형
네모난형 역삼각형 육각형 삼각형

Long Hair Cut Style _ 27

부드럽고 여성스러운 매력을 주는 스타일이다.
전체를 가볍고 움직임있게 커트하고 앞머리는 2호, 그 외 부분은 2 · 3호로 굵고 자연스런 웨이브펌을 한다.
부드러운 무스 · 헤어광택제로 스크런칭 드라이기법으로 스타일링한다.

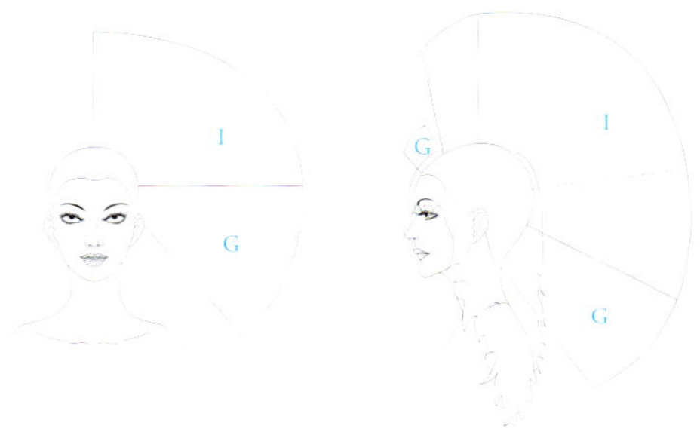

Face Type

직사각형 계란형 긴계란형
역삼각형 육각형

Long Hair Cut Style _ 28

차분한 흐름을 만들기 위해 세밀하게 커트하여 가벼운 흐름을 만들고 앞머리는 층을 주지 않고 직선라인으로 커트하여 대담하고 자유로운 매력의 여성미를 나타내준다.

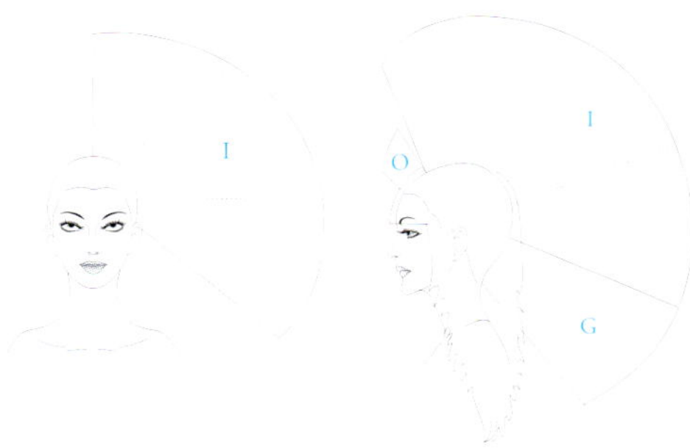

Face Type

계란형 긴계란형
역삼각형 육각형 삼각형

Long Hair Cut Style _ 29

가벼운 층스타일과 대비되는 스타일로 독특한 개성의 아름다움을 주는 스타일이다.

Face Type

계란형 · 긴계란형 · 역삼각형 · 육각형

Long Hair Cut Style _ 30

자연스런 흐름의 층지는 커트를 하고 앞머리는 2호, 그 외 부분은 2 · 3호 롯드로 와인딩하여 굵고 자연스런 웨이브 펌을 한다.
헤어광택제나 무스를 바르고 스크런칭 드라이기법으로 마무리 스타일링한다.

Face Type

직사각형 · 계란형 · 긴계란형 · 역삼각형

Long Hair Cut Style _ 31

곱슬머리의 파장을 이용하여 커트하면 자유로운 움직임을 만들수 있으며 직모일 때는 앞머리는 1호, 그 외 부분은 1 · 2호로 살짝 웨이브펌을 한다.
헤어왁스를 바르고 자연스런 움직임을 만든다.

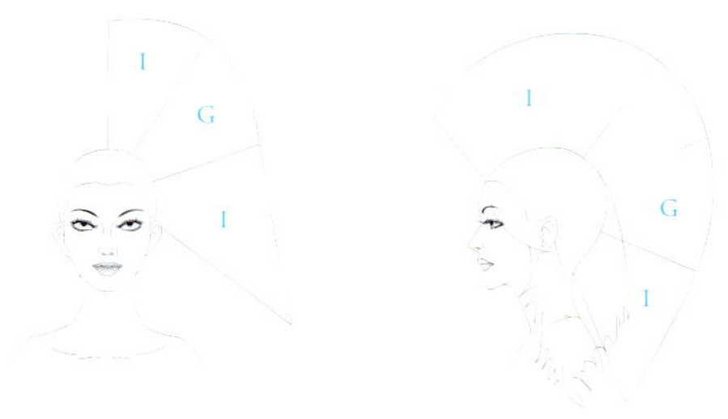

Face Type

계란형 긴계란형
역삼각형

Long Hair Cut Style _ 32

인크리스 레이어기법으로 가늘어지고 가벼운 질감의 부드러운 흐름을 만들고 2 · 3호 롯드로 풀린듯한 굵은 웨이브펌을 한후 헤어왁스를 바르고 자유롭게 스타일링하여 여성스런 매력을 나타내준다.

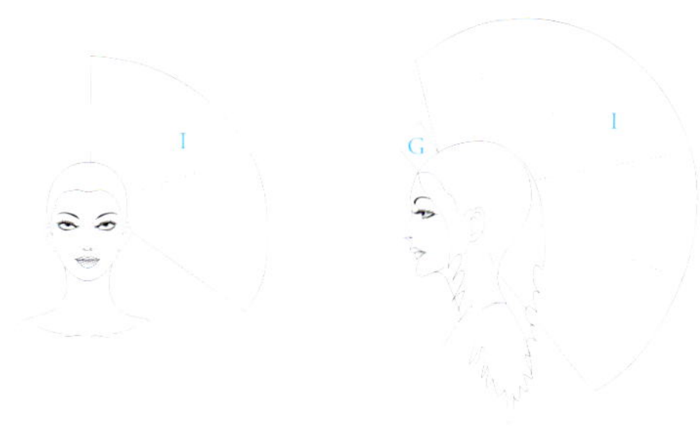

Face Type

계란형 긴계란형
역삼각형 육각형

Long Hair Cut Style _ 33

전체를 가늘어지고 불규칙한 질감으로 인크리레이어 커트를 하고 7호 롯드로 중간부분만 두바퀴 트위스트 스파이럴 와인딩을 하여 퍼머를 해준다.
부드러운 무스나 왁스로 자유롭게 손질하여 귀여운 개성미를 나타내준다.

Face Type

계란형 | 긴계란형

Long Hair Cut Style _ 34

전체를 부드럽고 층지게 커트하고 앞머리는 2호, 그 외부분은 2 · 3호로 굵고 자연스런 웨이브펌을 해준다.
헤어광택제나 부드러운 무스를 바르고 스크런칭 드라이기법으로 스타일링하여 여성스런 이미지를 강조해준다.

Face Type

직사각형 | 계란형 | 긴계란형

역삼각형 | 육각형

Long Hair Cut Style _ 35

앞머리의 직선라인과 전체의 불규칙하고 가벼운 흐름이 믹스되어 개성의 매력을 나타내준다.
1 · 2호로 풀린듯한 웨이브펌을 한후 소프트한 무스를 바르고 스크런칭 드라이기법으로 풍성한 볼륨을 만들면서 스타일링한다.

Face Type

계란형 · 긴계란형 · 역삼각형

Long Hair Cut Style _ 36

인크리스레이어와 그래쥬에이션기법을 혼합하여 둥근라인의 층진 스타일을 만든다.
9 · 10호로 트위스트 스파이럴 와인딩하여 풍성한 스타일을 만든다.

Face Type

겨란형 · 긴계란형 · 역삼각형

Long Hair Cut Style _ 37

앞머리를 무겁고 불규칙하게 커트하고 층이 많이 나지 않도록 주의하면서 세밀하게 커트하여 가볍고 차분한 흐름을 만든다.
헤어광택제로 찰랑찰랑한 스타일을 만든다.

Face Type

계란형 긴계란형
역삼각형 육각형

Long Hair Cut Style _ 38

인크리스레이어기법과 그래쥬에이션기법을 혼합하여 안정되고 부드러운 흐름을 만들고 앞머리는 2호, 그 외 부분은 2 · 3호로 와인딩하여 부드럽고 자연스런 웨이브펌을 해준다. 헤어광택제나 무스를 바르고 스크런칭 드라이기법으로 움직임있는 스타일을 만든다.

Face Type

직사각형 계란형 긴계란형
역삼각형 육각형

Long Hair Cut Style _ 39

부드럽고 자연스런 움직임를 만들기 위해 세밀하게 커트한 후 앞머리는 2호, 그 외부분은 3 · 4호 롯드로 스파이럴 와인딩하여 자연스럽고 굵은 웨이브펌을 한 후 스크런칭 드라이기법으로 스타일링한다.

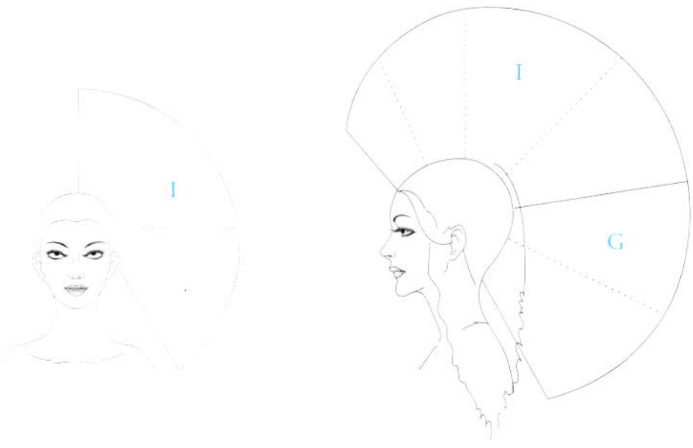

Face Type

직사각형 · 계란형 · 긴계란형 · 둥근형 · 네모난형 · 역삼각형 · 육각형

Long Hair Cut Style _ 40

층이 많이 나지 않으면서 끝부분을 불규칙하고 가벼운 흐름으로 커트한다.
헤어드라이어나 전기 아이롱으로 살짝 웨이브를 주는 기법으로 스타일링한다.

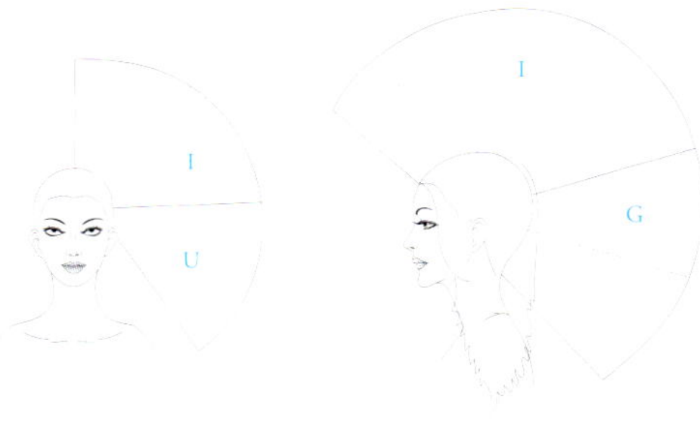

Face Type

계란형 · 긴계란형 · 역삼각형

Long Hair Cut Style _ 41

전체를 가벼운 흐름을 만들면서 목둘레에서 가늘어지고 불규칙흐름을 만들어주고 8 · 9호 롯드로 트위스트 스파이럴 와인딩하여 탄력있는 웨이브펌을 해준다.
스크런칭 드라이기법으로 차별화된 개성을 연출한다.

Face Type

계란형 · 긴계란형 · 역삼각형

Long Hair Cut Style _ 42

로맨틱한 매력을 주는 손질하기 편한 스타일이다.
인크리스레이어와 그래쥬에이션의 혼합기법으로 목둘레에서 곡선의 형태로 층지게 커트하고 끝부분만 2 · 3호 롯드로 웨이브펌을 하고 스크런칭 드라이기법으로 스타일링한다.

Face Type

직사각형 · 계란형 · 긴계란형 · 역삼각형 · 육각형

Long Hair Cut Style _ 43

머리 움직임을 자연스럽게 하는 세밀한 커트를 하고 2 · 3호 롯드로 끝부분에서 2바퀴 와인딩하여 굵은 웨이브펌을 해준다.
헤어광택제나 스타일링무스를 바르고 스크런칭기법으로 마무리한다.

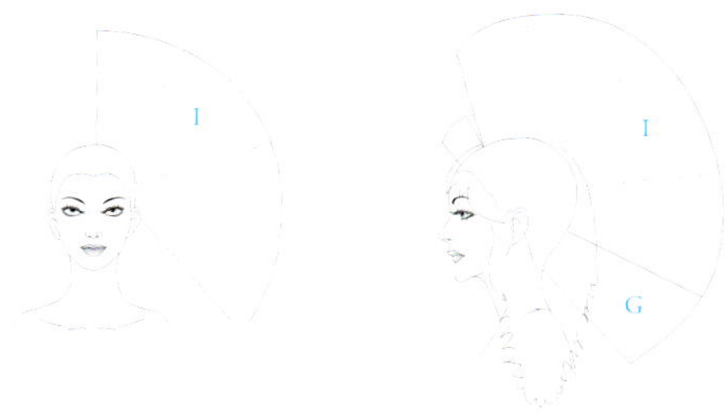

Face Type

직사각형 · 계란형 · 긴계란형 · 역삼각형 · 육각형 · 삼각형

Long Hair Cut Style _ 44

청순하고 섹시한 매력을 주는 손질하기 편한 스타일이다. 끝부분이 가늘어지고 부드러운 흐름으로 커트하고 앞머리와 옆머리는 2호, 뒷머리는 3호 롯드로 2바퀴 와인딩하여 움직임 있는 자연스런 웨이브펌을 하고 스크런칭드라이기법으로 마무리한다.

Face Type

직사각형 · 계란형 · 긴계란형 · 역삼각형 · 육각형

Long Hair Cut Style _ 45

찰랑거리는 직모에 적합하며 약간 곱슬기가 있을 때는 모발이 손상되지 않도록 부드럽게 스트레이트펌을 해준다.
앞머리는 가볍고 짧게 커트하여 귀엽고 청순한 이미지를 나타내준다.

Face Type

계란형 긴계란형 둥근형
역삼각형 육각형 삼각형

Long Hair Cut Style _ 46

곱슬머리의 파장을 이용하여 끝부분을 가늘어지고 불규칙하게 커트하여 뻗치는 흐름을 연출한다.
헤어왁스를 터치하여 바르면서 손질하여 자유롭게 개성있는 아름다움을 표현한다.

Face Type

계란형 긴계란형
역삼각형

Long Hair Cut Style _ 47

인크리스레이어와 그래쥬에이션기법으로 안정되고 부드러운 층을 만든 후 3 · 4호 롯드로 스파이럴 와인딩하여 굵고 탄력있는 웨이브를 만든다.
스크런칭 드라이기법으로 스타일링한다.

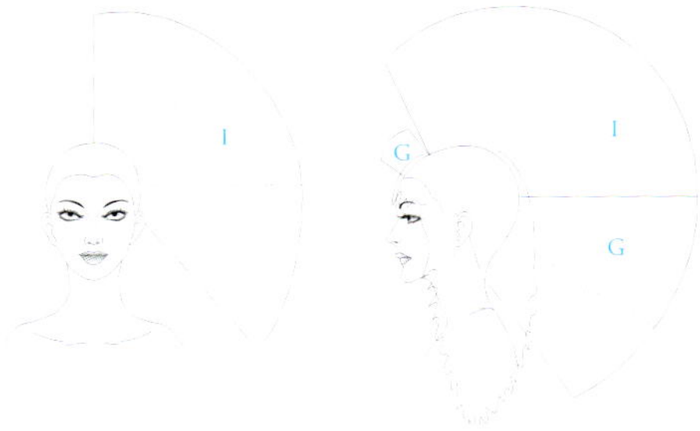

Face Type

직사각형 계란형 긴계란형

역삼각형 육각형

Long Hair Cut Style _ 48

이 스타일은 어느정도 건강한 머릿결을 유지하고 있어야 굵은 웨이브펌을 해도 풀리지 않는다.
앞머리는 2호, 그 외 부분은 3호 롯드로 스파이럴 와인딩하여 웨이브펌을 하고 스크런칭 드라이기법으로 스타일링하여 자연스럽고 여성스런 아름다움을 표현한다.

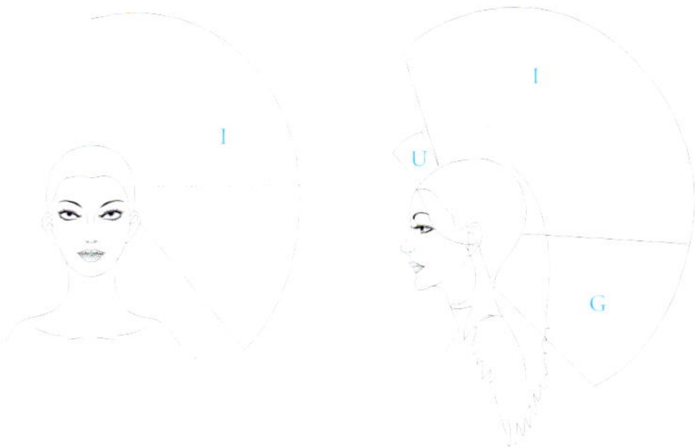

Face Type

직사각형 계란형 긴계란형 둥근형

역삼각형 육각형

Long Hair Cut Style _ 49

2 · 3호 롯드로 굵고 풀린듯한 펌을 한 스타일로 건강하고 굵은 모질에 적합한 스타일이다.
헤어광택제로 촉촉하고 윤기있는 질감으로 반묶음 스타일을 연출하여 부드러운 여성미를 나타내준다.

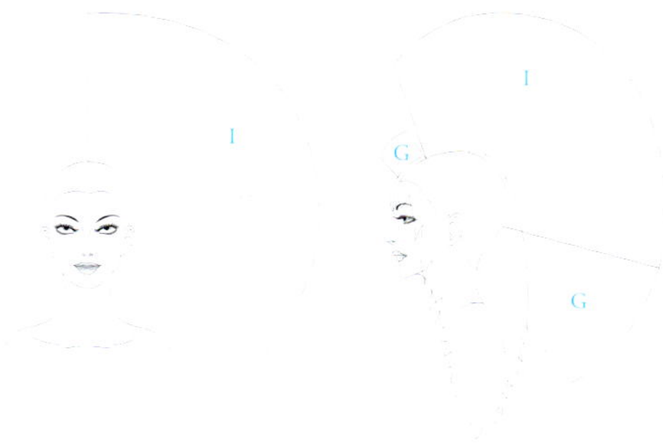

Face Type

직사각형 · 계란형 · 긴계란형 · 둥근형
네모난형 · 역삼각형 · 육각형 · 삼각형

Long Hair Cut Style _ 50

인크리스레이어와 그래쥬에이션기법으로 층이 많이 나지 않으면서 부드러운 흐름의 스타일을 만들고 3 · 4호로 스파이럴 와인딩하여 자연스러운 웨이브펌을 해준다.
스크런칭 드라이기법으로 스타일링한다.

Face Type

직사각형 · 계란형 · 긴계란형
역삼각형 · 육각형

Long Hair Cut Style _ 51

둥근형태 라인에 가벼운 층을 주고 3 · 4호로 1.5바퀴 와인딩하여 라인펌을 해준다.
헤어광택제나 무스를 바르고 촉촉하고 윤기있는 질감으로 스타일링하여 부드럽고 깨끗한 여성미를 표현해준다.

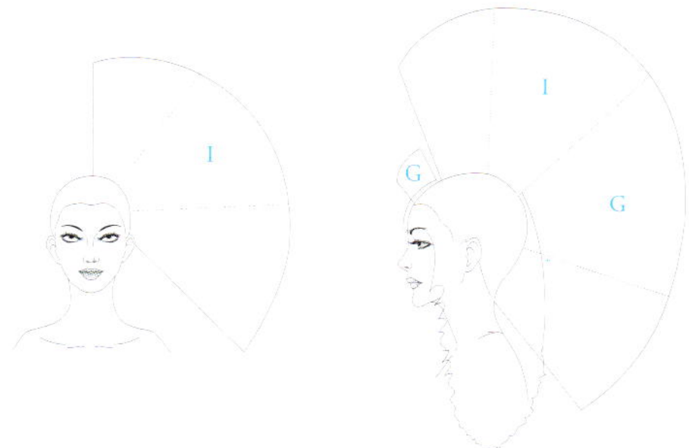

Face Type

직사각형 · 계란형 · 긴계란형 · 둥근형
역삼각형 · 육각형 · 삼각형

Long Hair Cut Style _ 52

곡선형태의 층을 만들면서 끝부분을 가늘어지고 가벼운 질감으로 커트한다.
탄력있는 롤스트레이트펌을 하고 헤어광택제로 윤기있고 자연스런 움직임으로 스타일링한다.

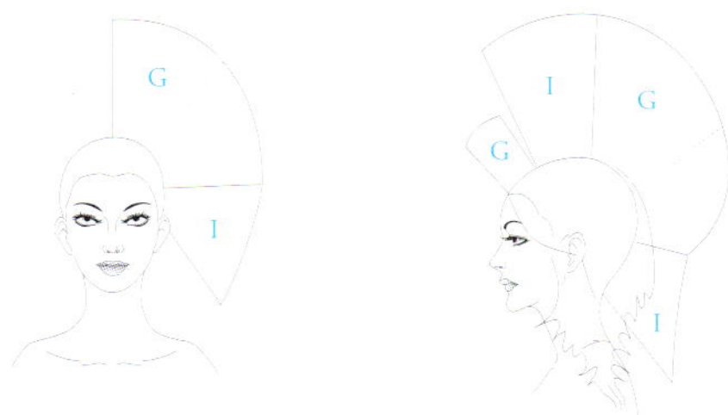

Face Type

직사각형 · 계란형 · 긴계란형 · 둥근형
역삼각형 · 육각형 · 삼각형

Long Hair Cut Style _ 53

세밀하게 커트하여 가볍고 부드러운 층을 연출한 후 2·3호로 베이직 와인딩하여 웨이브펌을 하고 스크런칭 드라이 기법으로 자연스럽게 마무리하여 로맨틱한 분위기를 연출한다.

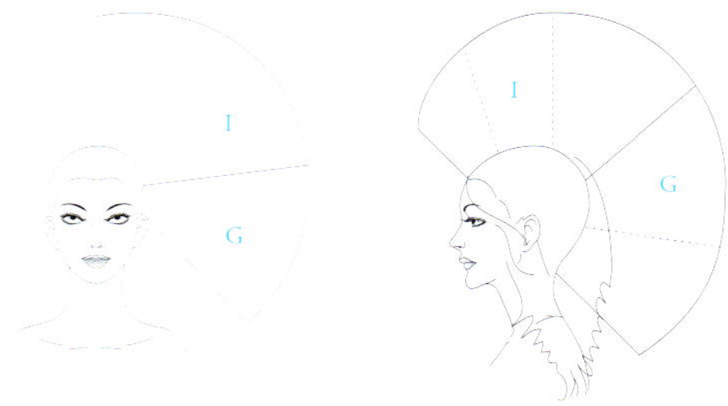

Face Type

직사각형 계란형 긴계란형

역삼각형 육각형

Long Hair Cut Style _ 54

세밀하게 커트하여 부드러운 흐름을 만드는 것이 포인트이다. 탄력있는 롤스트레이트펌을 해주고 헤어광택제로 윤기있게 스타일링하여 순수하고 청순한 분위기를 연출한다.

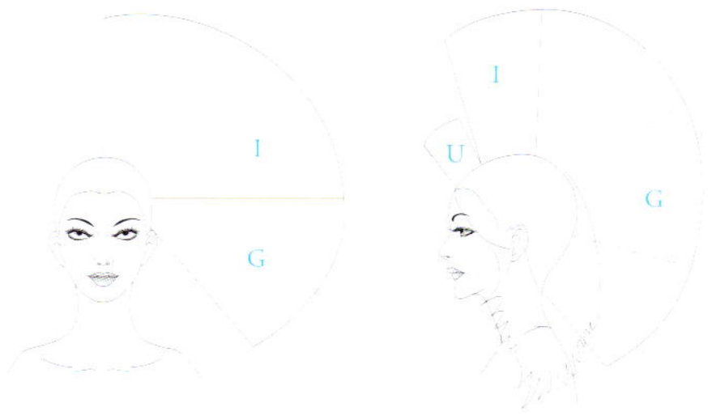

Face Type

직사각형 계란형 긴계란형

역삼각형 육각형

Long Hair Cut Style _ 55

끝부분을 가늘어지고 대담하게 불규칙한 텍스춰로 층지게 커트한다.
곱슬기가 있을 때 파장을 이용하면 스타일 만들기가 쉬우며 헤어왁스로 도시적이고 자유로운 분위기를 연출한다.

Face Type

계란형 긴계란형 역삼각형

Long Hair Cut Style _ 56

곡선의 풍성한 흐름과 직선의 무거움을 조화시켜 자유롭고 개성있는 매력을 표현해준다.
5 · 6호 롯드로 스파이럴 와인딩하여 풍성한 펌을 하고 스크런칭 드라이기법으로 스타일링한다.

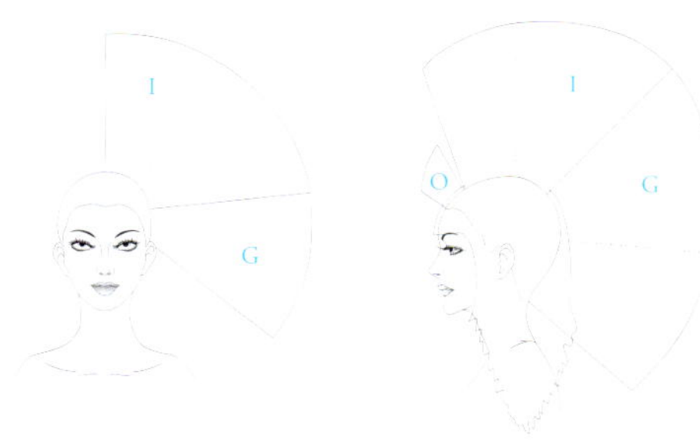

Face Type

계란형 긴계란형 역삼각형

Long Hair Cut Style _ 57

전체를 가벼운 질감으로 층지게 커트하고 앞머리는 2호, 그 외 부분은 2 · 3호로 베이직 와인딩하여 자연스러운 웨이브펌을 하고 스크런칭기법으로 마무리한다.

Face Type

직사각형 계란형 긴계란형

역삼각형 육각형 삼각형

Long Hair Cut Style _ 58

끝부분을 가늘어지고 불규칙한 질감으로 층지게 커트하고 2 · 3호로 베이직 와인딩하여 자연스럽고 자유로운 흐름의 웨이브펌을 하고 스크런칭기법으로 스타일링한다.

Face Type

계란형 긴계란형

역삼각형 육각형

Long Hair Cut Style _ 59

두정부에 풍성한 볼륨을 만들어주는 묶음머리 스타일이다. 가볍고 부드러운 층을 만들고 5 · 6호 롯드로 스파이럴 와인딩하여 탄력있는 웨이브펌을 만들어준다.
헤어광택제를 바르고 윤기있는 스타일을 만든다.

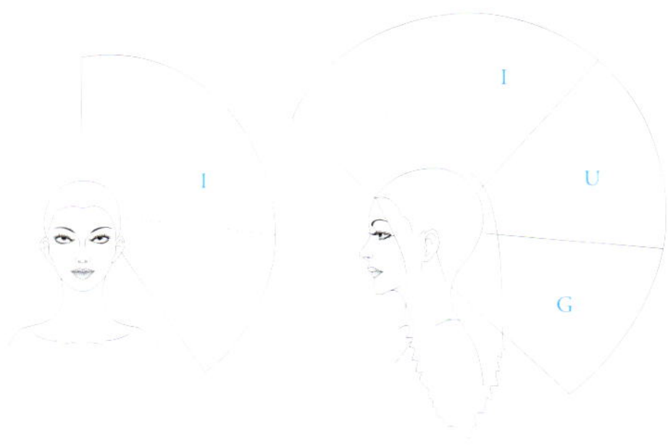

Face Type

계란형 · 긴계란형 · 둥근형
역삼각형 · 육각형 · 삼각형

Long Hair Cut Style _ 60

층이 많이 나지 않으면서 부드러운 흐름의 층을 만들고 4 · 5호 롯드로 끝부분에서 1.5바퀴 와인딩하여 펌을 하고 스크런칭 드라이기법으로 마무리한다.

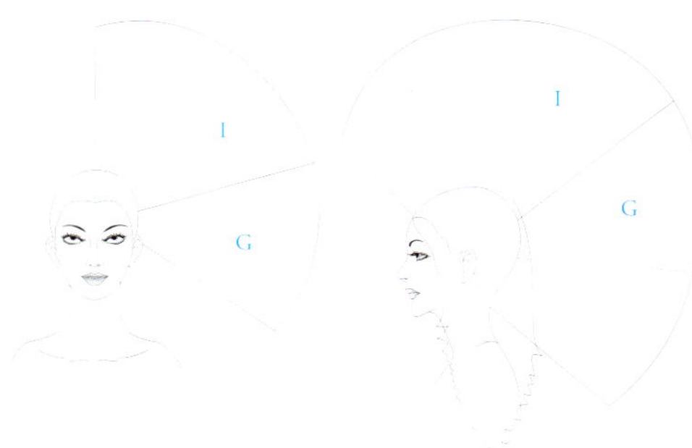

Face Type

직사각형 · 계란형 · 긴계란형
역삼각형 · 육각형

Long Hair Cut Style _ 61

부드럽고 자연스런 매력을 주면서 손질하기 편한 스타일이다. 가볍고 부드러운 질감으로 층지게 커트하고 2 · 3호 롯드로 끝부분에서 2바퀴 말아서 웨이브펌을 한 후 스크런칭 드라이기법으로 스타일링한다.

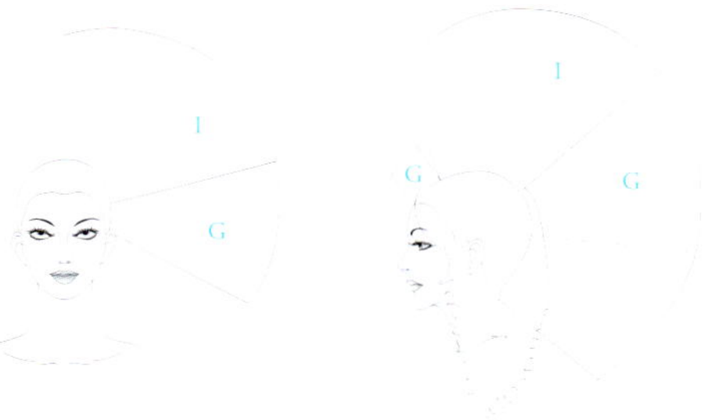

Face Type

직사각형 계란형 긴계란형 둥근형
네모난형 역삼각형 육각형 삼각형

Long Hair Cut Style _ 62

단정하고 여성스러운 매력을 주는 스타일로 차분하고 부드러운 층을 만들고 롤스트레이트펌을 해준다.
헤어광택제로 윤기있는 질감을 만들고 헤어스프레이로 고정하여 마무리한다

Face Type

계란형 둥근형
역삼각형 육각형 삼각형

Long Hair Cut Style _ 63

끝부분을 가늘어지고 가볍게 커트하여 부드러운 움직임을 만들고 헤어왁스로 손질하지 않는듯한 자유로운 흐름으로 마무리하여 자연스럽고 여성스러운 매력을 나타내준다.

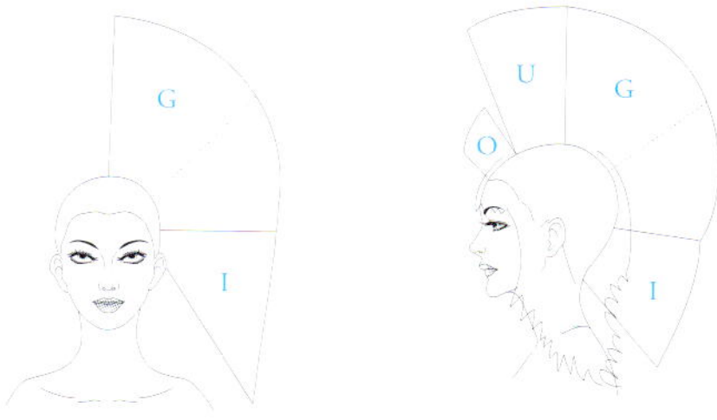

Face Type

- 직사각형
- 계란형
- 긴계란형
- 둥근형
- 네모난형
- 역삼각형
- 육각형
- 삼각형

Long Hair Cut Style _ 64

안말음과 바깥말음을 혼합하여 부드러운 실루엣을 강조한 스타일이다.
어깨선을 타고 휘어지는 흐름으로 여성스럽고 손질하기 편한 스타일이다.

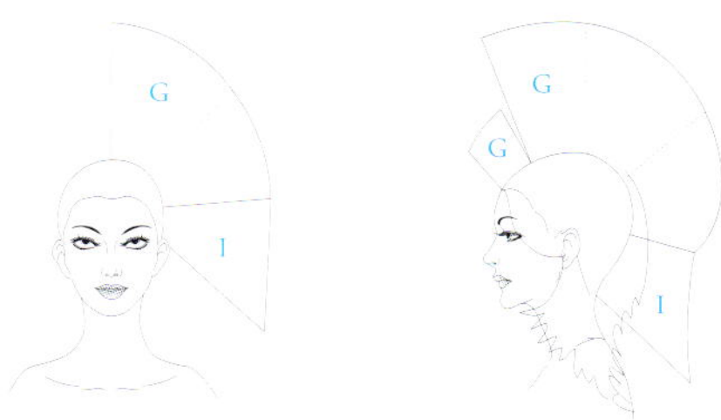

Face Type

- 직사각형
- 계란형
- 긴계란형
- 둥근형
- 네모난형
- 역삼각형
- 육각형
- 삼각형

Long Hair Cut Style _ 65

세밀하게 커트하여 부드러운 흐름을 만들고 4 · 5호 롯드로 굵고 탄력있는 웨이브펌을 한다.
스크런칭 드라이기법으로 풍성하고 움직임있는 스타일을 만든다.

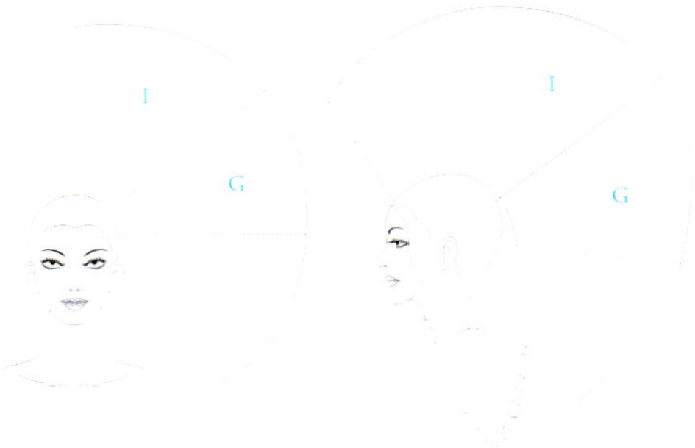

Face Type

계란형 긴계란형 둥근형
역삼각형 육각형

Long Hair Cut Style _ 66

순수하고 청순한 매력의 여성미를 나타내주는 스타일로 매우 세밀하고 정교한 커트기법으로 차분하고 가벼운 흐름을 만들어야 한다.
곱슬기가 있을 때는 부드러운 스트레이트펌을 해준다.

Face Type

직사각형 계란형 긴계란형 둥근형
네모난형 역삼각형 육각형 삼각형

Long Hair Cut Style _ 67

목둘레에서 그래쥬에이션기법과 인크리스레이어기법으로 가볍고 부드러운 곡선의 흐름을 만든다.
2 · 3호로 1.5바퀴 와인딩하여 여성스럽고 자연스런 움직임를 만든다.

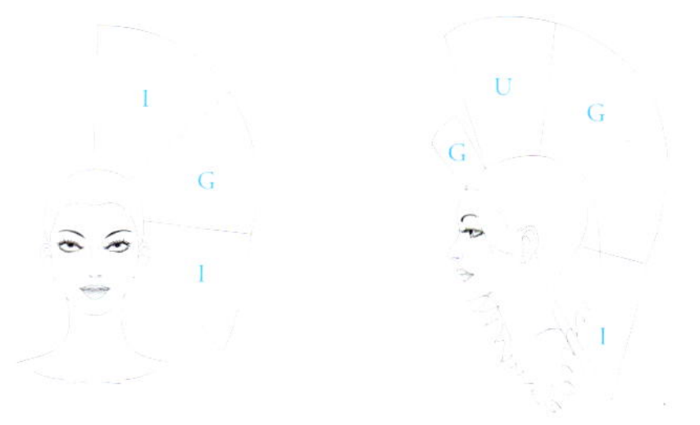

Face Type

직사각형 · 계란형 · 긴계란형
역삼각형 · 삼각형

Long Hair Cut Style _ 68

목둘레에서 곡선의 흐름을 만들고 끝부분이 가늘어지고 가벼운 움직임을 만든다.
2 · 3호 롯드로 1.5바퀴 와인딩하여 부드러운 웨이브를 만들고 헤어광택제로 매끄럽고 윤기있는 스타일을 만든다.

Face Type

직사각형 · 계란형 · 긴계란형
네모난형 · 역삼각형 · 삼각형

Long Hair Cut Style _ 69

건강한 모발에 적합한 스타일이다.
가볍고 부드러운 텍스춰의 층을 만들고 2 · 3호로 끝부분에서 1.5바퀴 와인딩하여 웨이브펌을 한다.
헤어광택제로 윤기있게 스타일링한다.

Face Type

직사각형 계란형 긴계란형 둥근형
네모난형 역삼각형 육각형

Long Hair Cut Style _ 70

귀엽고 자연스런 이미지의 손질하기 편한 스타일이다.
세밀하게 커트하여 가볍고 부드러운 움직임을 만들고 앞머리는 2호, 그 외 부분은 4 · 5호 롯드로 와인딩하여 자연스러운 웨이브펌을 하고 스크런칭 드라이기법으로 스타일을 만든다.

Face Type

직사각형 계란형 긴계란형 둥근형
네모난형 역삼각형 육각형 삼각형

Long Hair Cut Style _ 71

윤기있고 찰랑찰랑한 느낌이 포인트이기 때문에 건강한 모발관리가 중요하다.
거칠지 않도록 세밀하게 커트하여 층을 많이 내지 않고 차분하고 부드러운 흐름을 만들어야 한다.

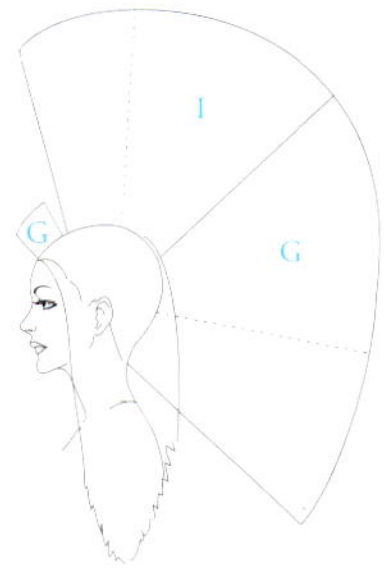

Face Type

계란형 긴계란형 둥근형

네모난형 역삼각형 육각형

Long Hair Cut Style _ 72

백부분에서 인크리스레이어기법으로 곡선의 층과 모량을 줄이면서 대담하게 가늘어지는 움직임이 포인트이다.
앞머리는 2호로, 나머지 끝부분은 3호로 스파이럴 와인딩하여 펌을 해준다.
헤어왁스로 촉촉하고 부드러운 질감의 스타일을 만든다.

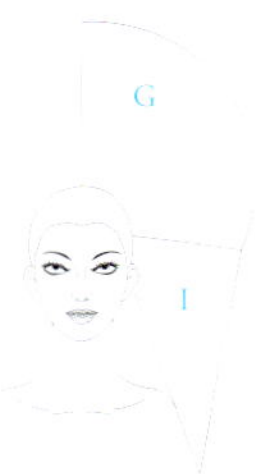

Face Type

직사각형 계란형 긴계란형

네모난형 역삼각형

Long Hair Cut Style _ 73

모발이 두껍고 건강한 모발에 적합한 스타일이다.
층이 많이 나지 않으면서 부드러운 흐름을 만든다.
2 · 3호 롯드로 끝부분만 와인딩하여 부드러운 안말음을 만든다.

Face Type

직사각형 계란형 긴계란형 둥근형

네모난형 역삼각형 삼각형

Long Hair Cut Style _ 74

목둘레에서 곡선의 층변화를 주는 세밀한 커트를 한다.
3 · 4호 롯드로 끝부분만 굵고 탄력있는 펌을 하고 스크런칭 드라이기법으로 마무리 스타일링한다.

Face Type

직사각형 계란형 긴계란형

네모난형 역삼각형 육각형 삼각형

Long Hair Cut Style _ 75

층이 많이 나지 않으면서 부드러운 움직임의 층을 만들고 생머리 사이사이에 Z모양의 기구로 펌을 하여 풍성한 볼륨의 스타일을 연출하여 특징있는 개성을 표현해준다.

Face Type

계란형 긴계란형

역삼각형

Long Hair Cut Style _ 76

부드럽고 움직임 있는 층을 만들고 앞머리는 2호, 그 외 부분은 2 · 3호 롯드로 굵고 자연스런 웨이브펌을 해준다. 스크런칭 드라이기법으로 자연스런 스타일을 만든다.

Face Type

계란형 긴계란형

역삼각형 육각형

Long Hair Cut Style _ 77

층을 많이 주지 않으면서 부드러운 움직임의 층을 준다.
3 · 4호 롯드로 스파이럴 와인딩하여 자연스런 펌을 하고 스크런칭 드라이기법으로 스타일링한다.

Face Type

직사각형 계란형 긴계란형 둥근형
네모난형 역삼각형 육각형

Long Hair Cut Style _ 78

청순하고 단정한 매력을 주는 반묶음 스타일이다.
부드러운 움직임의 층을 만들고 3 · 4호로 끝부분만 굵고 자연스런 펌을 한다.
헤어광택제로 윤기있는 스타일을 연출한다.

Face Type

직사각형 계란형 긴계란형
역삼각형

Long Hair Cut Style _ 79

굵고 건강하고 찰랑찰랑한 머릿결에 적합한 스타일이다. 층을 많이 주지 않으면서 부드럽고 가벼운 흐름의 층을 만들고 롤스트레이트펌을 해준다.

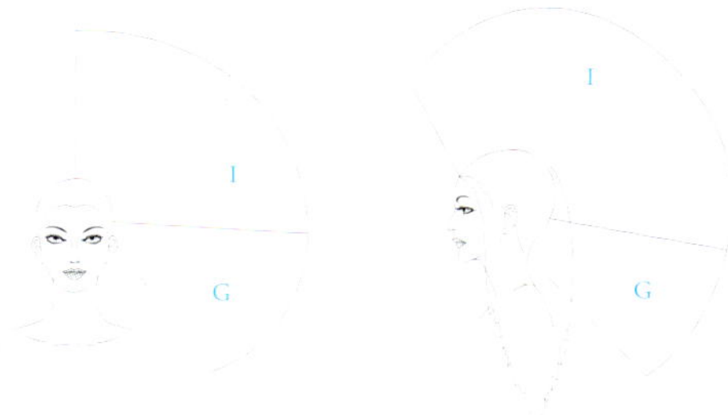

Face Type

	계란형		
네모난형	역삼각형	육각형	

Long Hair Cut Style _ 80

층을 많이 내지 않으면서 부드럽고 가벼운 층을 준다.
앞머리는 2호, 그 외 부분은 3 · 4호 롯드로 스파이럴 와인딩하여 자연스런 웨이브펌을 한다.
스크런칭 드라이기법으로 자연스런 움직임을 만든다.

Face Type

직사각형	계란형	긴계란형	둥근형
네모난형	역삼각형	육각형	삼각형

Long Hair Cut Style _ 81

앞머리의 무거운 사선라인으로 커트하고 목둘레에서 곡선 흐름의 실루엣을 연출하고 끝부분을 가벼운 움직임을 만들기 위해 세밀하게 커트한다.
롤스트레이트펌을 해주고 헤어광택제로 가볍고 윤기나는 질감으로 스타일링한다.

Face Type

직사각형 계란형 긴계란형

역삼각형 육각형

Long Hair Cut Style _ 82

전체를 인크리스레이어 기법으로 부드럽게 층지는 커트를 세밀하게 하고 작은 롯드로 트위스트 스파이럴와인딩한 후 모선부분을 빼주어 탄력있고 개성있는 웨이브펌을 한다.
소프트한 무스나 컬용 젤로 스타일링한다.

Face Type

계란형 긴계란형

역삼각형 육각형

Man
Hair Cut Style

Man Hair Cut Style _ 01

깨끗하고 여성스러운 느낌을 주는 스타일로 끝부분에는 가늘어지고 가볍게해 부드럽고 움직임있는 느낌을 연출한다. 커트를 세밀하게 하면 거친 느낌을 주지 않으면서 손질이 쉬어진다.

Face Type

계란형 긴계란형

역삼각형 육각형 삼각형

Man Hair Cut Style _ 02

부드럽고 여성적인 느낌을 주는 스타일이다.
가늘어지고 가벼운 질감으로 커트한 후 헤어왁스로 터치하여 자유롭게 스타일링한다.

Face Type

계란형 긴계란형

역삼각형 육각형

Man Hair Cut Style _ 03

너무 짧지 않게 부드러운 층으로 커트한다.
스타일링무스를 바르고 깨끗하고 단정한 이미지를 연출해 준다.

Face Type

직사각형 · 계란형 · 둥근형
네모난형 · 역삼각형 · 육각형

Man Hair Cut Style _ 04

클리피와 오버콤테크닉으로 부드럽고 짧게 올려 치면서 두정부에서 불규칙하고 가늘어지는 텍스춰를 만든다.
헤어왁스로 터치하여 자유로운 스타일을 만든다.

Face Type

직사각형 · 계란형 · 둥근형
네모난형 · 역삼각형 · 육각형

Man Hair Cut Style _ 05

여성적인 느낌을 가미한 부드러운 스타일로 직모일 때는 3 · 4 · 5호 롯드로 베이직 와인딩하여 풀린듯한 흐름을 만들어주고 스타일링무스로 촉촉하고 윤기있게 스타일링한다.

Face Type

계란형 긴계란형

역삼각형 육각형

Man Hair Cut Style _ 06

슬라이싱커트기법으로 급격하게 길어지고 가늘어지는 불규칙한 텍스춰를 만들면서 층지게 커트한다.
직모일 때는 2 · 3 · 4호로 베이직 와인딩하여 풀린듯한 웨이브를 만들고 헤어젤, 왁스를 바르고 촉촉하고 윤기있는 질감으로 스타일링한다.

Face Type

계란형 긴계란형

역삼각형 육각형

Man Hair Cut Style _ 07

부드러운 움직임의 층을 만들고 2 · 3 · 4호로 베이직 와인딩하여 자연스런 컬을 만들고 스타일링무스를 바르고 자연스럽게 스타일링한다.

Face Type

계란형 긴계란형

역삼각형 육각형

Man Hair Cut Style _ 08

오버콤테크닉으로 올려쳐 주면서 부드러운 짧은 형태를 만들고 프런트, 톱부분은 오버콤테크닉과 노취기법으로 뾰족하고 불규칙한 질감을 만든다.

헤어젤을 바르고 터치하여 깨끗하면서 자유로운 스타일을 만든다.

Face Type

직사각형 계란형 긴계란형 둥근형

네모난형 역삼각형 육각형 삼각형

Man Hair Cut Style _ 09

부드러운 이미지를 강조한 스타일로 직모일 때는 롤스트레이트펌을 해주어 자연스런 흐름을 만든다.
헤어광택제로 윤기있게 스타일링한다.

Face Type

- 직사각형
- 계란형
- 긴계란형
- 역삼각형
- 육각형

Man Hair Cut Style _ 10

풍성한 볼륨을 만들기위해 가늘어지고 가벼운 질감으로 커트하고 헤어젤을 바르고 손가락으로 업시켜서 스타일링한다.

Face Type

- 계란형
- 둥근형
- 역삼각형
- 육각형

Man Hair Cut Style _ 11

오버콤테크닉으로 부드러운 질감으로 짧게 커트하고 프런트와 톱은 가늘어지고 가벼운 흐름으로 커트한다.
헤어젤로 세워서 스타일링한다.

Face Type

계란형 · 둥근형
네모난형 · 역삼각형 · 육각형

Man Hair Cut Style _ 12

3 · 4 · 5 · 6호 롯드로 베이직 와인딩하여 굵은 웨이브펌을 해준다.
스타일링무스를 바르고 부드러운 흐름을 연출한다.

Face Type

직사각형 · 계란형 · 긴계란형 · 둥근형
네모난형 · 역삼각형 · 육각형 · 삼각형

Man Hair Cut Style _ 13

가볍고 움직임을 주는 세밀한 커트를 하고 2·3·4호 롯드로 베이직 와인딩하여 굵은 웨이브펌을 한다.
헤어왁스로 터치하여 자유롭게 스타일링한다.

Face Type

직사각형 계란형 긴계란형
역삼각형 육각형

Man Hair Cut Style _ 14

풍성한 볼륨을 만들면서 목덜미에서 가늘어지고 가벼운 커트를 하여 부드러운 흐름을 만든다.
헤어왁스로 부드럽고 촉촉한 질감으로 스타일링한다.

Face Type

직사각형 계란형 긴계란형 둥근형
네모난형 역삼각형 육각형 삼각형

Man Hair Cut Style _ 15

가늘어지고 대담하게 불규칙하게 커트하여 변화하는 움직임을 만든다.
헤어왁스로 촉촉하고 윤기있게 스타일링한다.

Face Type

직사각형　계란형　긴계란형
역삼각형

Man Hair Cut Style _ 16

끝부분을 가늘어지고 가벼운 질감을 만들기 위해 모량을 줄이면서 세밀하게 커트한다.
헤어왁스로 터치하여 촉촉하고 윤기있게 스타일링한다.

Face Type

직사각형　계란형　긴계란형
역삼각형　육각형

Man Hair Cut Style _ 17

곱슬머리의 파장을 이용하면 스타일 만들기가 쉬우며 직모는 2 · 3호로 베이직 와인딩하여 풀린듯한 웨이브펌을 해준다.
헤어왁스로 터치하여 자유로운 흐름으로 스타일링한다.

Face Type

직사각형 · 계란형 · 긴계란형 · 역삼각형

Man Hair Cut Style _ 18

자연스럽고 부드러운 이미지를 주는 스타일이다.
모량을 줄이면서 가벼운 흐름을 만들고 헤어왁스로 터치하여 자연스런 움직임을 만든다.

Face Type

직사각형 · 계란형 · 긴계란형 · 역삼각형 · 육각형 · 삼각형

Man Hair Cut Style _ 19

모량을 줄이면서 부드럽고 가벼운 텍스춰를 만들고 2 · 3 · 4호로 베이직 와인딩하여 풀린듯한 웨이브를 만든다. 스타일링무스를 바르고 윤기있게 스타일링한다.

Face Type

직사각형 · 계란형 · 긴계란형 · 역삼각형 · 육각형

Man Hair Cut Style _ 20

오버콤테크닉으로 균일하고 부드러운 형태를 만들고 부분부분 라인으로 포인트를 준다.

Face Type

직사각형 · 계란형 · 둥근형 · 네모난형 · 역삼각형

Man Hair Cut Style _ 21

가늘어지고 가벼운 텍스춰로 층지게 커트한다.
직모일 때는 롤스트레이트펌을 한후 헤어광택제를 바르고 바람머리스타일을 연출한다.

Face Type

계란형 긴계란형
역삼각형

Man Hair Cut Style _ 22

모량을 줄이면서 가늘어지고 불규칙한 층지는 커트로 자연스런 움직임을 만든다.
헤어왁스로 터치하여 자연스런 흐름을 만든다.

Face Type

직사각형 계란형 긴계란형
역삼각형 육각형 삼각형

Man Hair Cut Style _ 23

세밀하게 커트하여 부드러운 움직임을 만들고 2·3·4로 롯드로 와인딩하여 웨이브펌을 하고 스타일링무스를 바르고 자연스럽게 스타일링한다.

Face Type

계란형 / 긴계란형

역삼각형 / 육각형

Man Hair Cut Style _ 24

가볍고 부드러운 흐름의 커트를 하고 스타일링무스를 바르고 깨끗하게 빗은 후 스프레이로 고정한다.

Face Type

계란형 / 긴계란형 / 둥근형

역삼각형

Man Hair Cut Style _ 25

깃털처럼 가벼운 흐름을 만들기 위해 세밀하게 커트하여 가늘어지고 불규칙한 커트를 한다.
헤어왁스로 터치하고 방향을 잡은 후 헤어스프레이로 고정한다.

Face Type

계란형 긴계란형
역삼각형 육각형

Man Hair Cut Style _ 26

끝부분은 불규칙하게 커트하고 옆머리, 뒷머리부분은 오버콤테크닉으로 커트하는 것이 자연스럽다.
헤어젤을 바르고 자유롭게 스타일링한다.

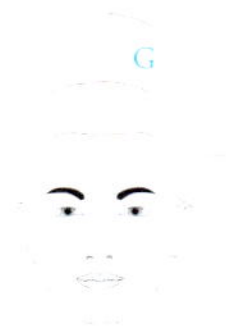

Face Type

계란형 긴계란형
네모난형 역삼각형 육각형

Man Hair Cut Style _ 27

부드럽고 소년같은 이미지를 주는 스타일이다.
가볍고 부드럽게 커트하고 헤어광택제로 자연스럽고 윤기 있게 스타일링한다.

Face Type

직사각형 계란형 긴계란형 둥근형
네모난형 역삼각형 육각형 삼각형

Man Hair Cut Style _ 28

모량을 줄이면서 가볍고 부드러운 흐름으로 짧게 커트한다.
들뜨는 직모일 때는 3 · 4 · 5 · 6호로 살짝 웨이브펌을 하고 헤어광택제를 바르고 빗질하여 마무리한다.

Face Type

직사각형 계란형 긴계란형 둥근형
네모난형 역삼각형 육각형 삼각형

Man Hair Cut Style _ 29

부드러운 모발흐름이 될 수 있도록 모량을 줄이면서 가볍게 커트한다.
헤어광택제를 바르고 빗질하여 스타일링한다.

Face Type

직사각형 · 계란형 · 긴계란형 · 역삼각형

Man Hair Cut Style _ 30

차분하고 자연스러운 질감이 되도록 세밀하게 커트하고 헤어왁스 또는 포마드로 매끄럽고 윤기나는 질감으로 스타일링한다.

Face Type

직사각형 · 계란형 · 둥근형 · 역삼각형 · 육각형

Man Hair Cut Style _ 31

세밀하고 정교하게 커트하여 자연스러운 움직임을 만들고 헤어광택제로 윤기있는 질감을 만들고 헤어스프레이로 고정시킨다.

Face Type

계란형 긴계란형

역삼각형 육각형

Man Hair Cut Style _ 32

바람머리가 될 수 있도록 끝부분을 가늘어지고 가볍게 커트한다.

직모일때는 2 · 3 · 4호 롯드로 베이직 와인딩하여 컬을 만들고 헤어왁스로 터치하여 바람머리 스타일을 만든다.

Face Type

계란형 긴계란형

역삼각형

Man Hair Cut Style _ 33

부드럽고 가벼운 움직임을 만들고 앞머리는 2호, 그 외 부분은 2 · 3호로 베이직 와인딩하여 자연스러운 컬을 만든다.
스타일링무스를 바르고 스크런칭드라이하여 스타일링한다.

Face Type

직사각형 계란형 긴계란형

역삼각형

Man Hair Cut Style _ 34

끝부분이 자연스러운 흐름이 될 수 있도록 가늘어지고 가볍고 불규칙하게 커트한다.
헤어왁스로 터치하여 자연스런 흐름을 만든다.

Face Type

직사각형 계란형 긴계란형

역삼각형 육각형 삼각형

Man Hair Cut Style _ 35

직모인 경우는 앞머리와 두정부는 2호 롯드로 와인딩하고 그 외 부분은 롤스트레이트펌을 한다.
헤어광택제를 바르고 매끄럽고 자연스럽게 스타일링한다.

Face Type

계란형 · 둥근형 · 역삼각형 · 육각형

Man Hair Cut Style _ 36

부드럽고 단정한 이미지의 스타일이다.
직모일 때는 3 · 4호로 베이직 와인딩하여 부드럽게 넘어 갈 수 있는 흐름을 만든다.
스타일링무스를 바르고 윤기있게 스타일링한다.

Face Type

직사각형 · 계란형 · 둥근형 · 네모난형 · 역삼각형 · 육각형

Man Hair Cut Style _ 37

짧은 길이는 오버콤테크닉으로 부드럽게 커트하고 두정부는 모량을 줄이면서 가볍고 불규칙하게 커트한다.

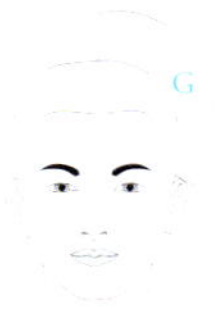

Face Type

계란형 | 둥근형
네모난형 | 역삼각형 | 육각형

Man Hair Cut Style _ 38

가볍고 부드럽게 층지게 커트하고 롤스트레이트펌을 하여 안말음 흐름을 만든다.
헤어광택제를 바르고 윤기있게 스타일링한다.

Face Type

계란형 | 긴계란형
역삼각형 | 육각형